高职高专计算机类专业系列教材

HTML+CSS+JavaScript
网页设计教程

(第二版)

孟宪宁　赵春霞　包燕　编著

U0341040

西安电子科技大学出版社

内 容 简 介

本书是作者根据多年的教学经验和网站设计经验，按照学习网页设计技术的规律，精心设计编写的。本书由浅入深、完整而详细地介绍了 HTML5、CSS3 和 JavaScript 这三种主要的Web 前端技术。书中代码均符合最新的 Web 前端应用开发规范。本书讲解了网页设计的基本知识点，还给出了实用性强的应用案例，可以使读者在掌握基本知识的同时，学习和应用实用的 Web 前端网页设计技术。

本书内容系统全面，案例丰富实用，可作为高职高专计算机类相关专业的教材，也可供网页设计及 Web 前端应用设计工程师、网页设计爱好者自学或参考。

图书在版编目（CIP）数据

HTML ＋ CSS ＋ JavaScript 网页设计教程 /孟宪宁，赵春霞，包燕编著. -- 2 版. -- 西安 ：西安电子科技大学出版社，2025. 1.
ISBN 978-7-5606-7562-6

Ⅰ. TP312.8; TP393.092.2

中国国家版本馆 CIP 数据核字第 2025AX7906 号

策　　划　刘小莉
责任编辑　刘小莉
出版发行　西安电子科技大学出版社（西安市太白南路 2 号）
电　　话　（029）88202421　88201467　　　　邮　　编　710071
网　　址　www.xduph.com　　　　　　　电子邮箱　xdupfxb001@163.com
经　　销　新华书店
印刷单位　咸阳华盛印务有限责任公司
版　　次　2025 年 1 月第 2 版　　2025 年 1 月第 1 次印刷
开　　本　787 毫米×1092 毫米　1/16　印 张 18.25
字　　数　432 千字
定　　价　47.00 元
ISBN 978-7-5606-7562-6

XDUP 7863002-1

*** 如有印装问题可调换 ***

前　言

在移动互联网时代，一个好的 Web 应用，不仅要有良好的视觉效果，其内容和表现形式更要符合 Web 标准。传统的 Web 应用设计通常是内容和表现形式交织在一起，这就造成了源代码可读性不高、后期维护难度大等问题。使用 HTML5、CSS3 和 JavaScript 设计 Web 前端，可将应用的内容、表现形式和行为分离，一方面便于在开发 Web 前端应用的过程中分工合作，另一方面可提高代码复用度、可读性和可维护性。

本书是作者根据多年的教学经验及实际的网站(网页)设计经验，在翻阅了众多网页设计教材的基础上，博采众长，精心编写的。本书采用最新的 Web 开发标准，由浅入深，系统而全面地介绍了 HTML5、CSS3 和 JavaScript 的基本知识和实用技巧。在讲解基本知识的基础上，本书还提供了实际网站设计案例，使理论与实例紧密结合。

本书根据最新的 Web 前端技术，修改了第一版中的个别错误，优化了部分代码。其中 HTML5 部分增加了表单输入类型、页面交互元素，CSS3 部分增加了 Web 前端应用设计中常用的精灵图技术，JavaScript 部分增加了动态事件添加机制。在本书的编写过程中，作者还使用智谱清言大模型开发了与本书配套的"Web 前端智友"智能体。读者在学习本书的过程中，扫描右侧的二维码，就可以使用配套的智能体解答学习过程中的疑惑。

本书除第 6 章外，每章末尾都附有精心设计的练习与实践题，读者只要认真学习本书的内容，并完成练习与实践题，就能基本掌握 Web 前端应用设计技术。

全书包含 6 章及一个附录，具体内容安排如下：

第 1 章　网页设计综述。本章介绍了 Web 的工作原理、目前常用的浏览器、开发网页的常用工具及专业术语；对 HTML5、CSS3 和 JavaScript 做了简单介绍；实现了一个简单的仿百度首页的网页，从而让读者对网页设计有一个直观的认识。

第 2 章　HTML5。本章介绍了 HTML5 的基本语法；分析了一个完整的 HTML5 文档；重点介绍了 HTML5 文档头部相关标签，并对段落、文本格式化、列表、超链接、图像与多媒体、表单、表格、框架等标签做了详细介绍。

第 3 章　CSS3。本章介绍了在网页中如何引用 CSS3 的样式、选择器等基本概念；详细介绍了 CSS3 的文本样式，盒子模型，背景属性，继承、层叠和优先级，浮动与定位的概念；实现了一个腾讯网首页搜索框布局的案例，让读者能够把所学的 HTML5 和 CSS3 技术学以致用。

第 4 章　JavaScript。本章介绍了在网页中如何引入 JavaScript 代码；详细介绍了 JavaScript 的标识符、变量和数据类型，运算符与表达式，以及顺序、分支和循环结构的语法规则及编程思想，同时介绍了在浏览器中调试 JavaScript 代码的技巧；对 JavaScript 控制网页行为要用到的函数和事件也做了详细介绍；介绍了如何使用 DOM 模型来控制网页元素的表现行为及如何使用 BOM 模型来实现网页和浏览器之间的交互；实现了一个腾讯网首页搜索框下拉菜单的案例。

第5章　网页设计综合案例。本章综合运用前几章所学的 HTML5、CSS3 和 JavaScript 技术实现了腾讯网首页设计案例。

第6章　拓展知识。本章对设计一个丰富多彩的网页所需要的配色、版式设计及切片工具和技术等进行了介绍，并结合具体的网站实例，给读者简单展示了一个网站的设计流程。

附录　AI 编程助手。本部分介绍了以豆包 MarsCode 为代表的大模型编程助手，打破常规编程局限，以高效交互让开发者专注创意实现，大幅提升编程效率与质量，引领读者进入便捷智能的编程新境界。

本书由孟宪宁、赵春霞、包燕编写。其中孟宪宁负责本书的组织设计，并编写了前 4 章和附录，赵春霞编写了第 5 章，包燕编写了第 6 章。

在编写本书的过程中，苗彩霞、高桂霞等几位老师提供了部分案例和习题，在此一并表示感谢！

由于作者水平有限，书中难免存在不足，敬请广大读者批评指正，并诚恳欢迎大家提出宝贵意见。联系 E-mail：113769283@qq.com。

作　者

2024 年 10 月

目　　录

第 1 章　网页设计综述

Web(World Wide Web)即全球广域网，也称为万维网，是一种基于超文本和 HTTP 的、全球性的、动态交互的、跨平台的分布式图形信息系统。Web 是建立在 Internet 上的一种网络服务，为浏览者在 Internet 上查找和浏览信息提供了图形化的、易于访问的直观界面，其中的文档及超链接将 Internet 上的信息节点组织成一个相互关联的网状结构。

1.1　Web 的起源

Web 的应用架构是英国人 Tim Berners-Lee 在 1989 年提出的，它的前身是 1980 年由 Tim Berners-Lee 负责的 Enquire(Enquire Within Upon Everything)项目。

1990 年 11 月，第一个 Web 服务器 info.cern.ch 开始运行，由 Tim Berners-Lee 编写的图形化 Web 浏览器第一次出现在人们眼前。

Web 的起源

1991 年，欧洲核子研究中心(CERN)正式发布了 Web 技术标准。

目前，与 Web 相关的各种技术标准都由著名的 W3C(World Wide Web Consortium)组织管理和维护。

1.2　Web 的工作原理

Web 应用是一种可通过 Web 访问的应用程序。它采用浏览器/服务器(Browser/Client，B/S)架构，用户只需通过浏览器即可轻松访问，无须再安装其他软件。Web 应用程序通常运行在 B/S 模式下，应用程序的执行主要依赖于服务器端的处理，用户端则通过浏览器进行交互。

用户通过 Web 访问网络资源时，所使用的计算机一般叫作客户端，而存放网络资源的计算机叫作服务器。客户端和服务器之间的访问是通过 HTTP(HyperText Transfer Protocol，超文本传输协议)来完成的。

Web 的工作原理

用户在客户端的浏览器地址栏中输入所要访问网站的 URL(Uniform Resource Locator，统一资源定位符)，就会向指定的 Web 服务器发送一个 HTTP 请求，告诉 Web 服务所要访问的资源。Web 服务器接收到客户端的请求后，通常会调用部署在服务器上的应用来进行数据库访问等操作，把客户端所请求访问的资源通过

HTTP 协议发送给客户端，具体可参考图 1-1。

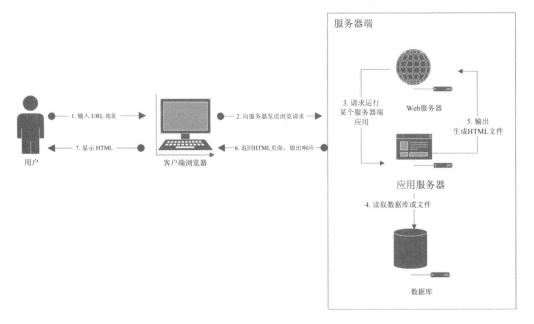

图 1-1　Web 的工作原理

1.3　浏　览　器

浏览器是一个安装在计算机中的应用软件，它用来显示使用 HTML (HyperText Markup Language，超文本标记/标签语言)编写的网页文件中的文字、图像、超链接及其他信息。现在常用的浏览器有 Microsoft Edge、Firefox、Chrome 和 Opera 等。

浏览器

1. Microsoft Edge

Microsoft Edge 是微软基于 Chromium 开源项目及其他开源软件开发的网页浏览器。IE(Internet Explorer)浏览器于 2022 年 6 月 16 日正式退役，此后其功能由 Edge 浏览器接棒。新版 Edge 浏览器已正式引入 ChatGPT 技术。

2. Firefox

Firefox 是一款开放源代码的网页浏览器，中文俗称"火狐"。其使用 Gecko 引擎(非 IE 内核)，支持 Windows、Mac Os 和 GNU/Linux 等多种操作系统。

3. Chrome

Chrome 是一款由 Google 公司开发的网页浏览器。该浏览器基于 WebKit 等开源软件所编写，目标是提升稳定性、速度和安全性，并创造出简单且有效率的使用者界面。

4. Opera

Opera 浏览器是挪威 Opera Software ASA 公司制作的一款支持多页面标签式浏览的网络浏览器。可在 Windows、Mac 和 Linux 这 3 个操作系统平台上运行。Opera 浏览器与其他浏览器相比更快速、小巧，其标准兼容性获得了很多用户和业界媒体的承认与推崇。

1.4　网页开发工具

可用于网页开发的工具很多，从最简单的纯文本编辑工具记事本 (NotePad)、增强版的文本编辑工具 EditPlus，到专业的网页设计工具 Visual Studio Code、WebStorm 等，都可用于网页的设计与开发。

网页开发工具

1. 记事本

记事本是 Windows 系统中的一款纯文本编辑器，具备最基本的编辑功能，其体积小巧，启动快，占用内存少，容易使用。使用记事本编辑代码不会产生冗余的代码。

2. EditPlus

EditPlus 是一款由韩国 Sangil Kim(ES-Computing)出品的小巧但功能强大的文本编辑器。它是一款非常好用的 HTML 编辑器，除了支持颜色标签、HTML 标签，还内建有完整的 HTML & CSS 指令功能，对于习惯用记事本编辑网页的用户，可以节省大量的网页制作时间。

3. Visual Studio Code

Visual Studio Code(简称 VS Code)是 Microsoft 推出的一款运行于 mac OS、Windows 和 Linux 之上的跨平台源代码编辑器。它具有对 JavaScript 和 Node.js 的内置支持，并具有丰富的其他语言(如 C++、C＃、Java、Python)和运行时(如 NET 和 Unity)扩展的生态系统。

4. WebStorm

WebStorm 是 Jetbrains 公司旗下的一款 JavaScript 开发工具，被广大中国 JavaScript 开发者誉为"Web 前端开发神器""最强大的 HTML5 编辑器"。WebStorm 提供的智能代码补全、代码格式化、HTML 代码提示和代码重构等功能，为网页设计与开发提供了极大的便利。

1.5　网页的基本概念

从事网页设计工作，需要掌握和了解一些相关的专业术语，如 Internet、WWW、URL、HTTP 和 W3C 等。

1. Internet

Internet 的中文名为"因特网"，又叫作"国际互联网"。互联网实现了全球资源的共享，形成了一个能够共同参与、相互交流的互动平台。通过互联网，远在千里之外的朋友可以相互发送邮件，协同完成一个项目，共同娱乐。

网页的基本概念

Internet 是在美国早期的军用计算机网 ARPANET(阿帕网)的基础上经过不断发展变化而形成的。它是由互相通信的计算机连接而成的全球网络。一旦你连接到它的任何一个节点上，就意味着你的计算机已经连入 Internet 网了。

2. WWW

WWW 是环球信息网的缩写，亦作 Web、W3，英文全称为 World Wide Web，中文名字为"万维网""环球网"等，常简称为 Web。WWW 上运行着 Web 客户端和 Web 服务器程序，Web 客户端(常用浏览器)可访问浏览 Web 服务器上的页面。实际上，Web 是一个由许多互相链接的超文本组成的系统，通过互联网访问。在这个系统中，每个有用的事物，称为一样"资源"，由一个全局"统一资源标识符(URL)"标识；这些资源通过 HTTP 传送给用户，而用户通过单击链接来获取资源。

万维网并不等同于互联网，万维网只是互联网所提供的服务之一，是在互联网上运行的一项服务。

3. URL

URL(Uniform/Universal Resource Locator，统一资源定位符)是对互联网资源的位置和访问方法的一种简洁的表示，是互联网上资源的标准地址。互联网上的每个资源都有一个唯一的 URL，它包含的信息指出文件的位置及浏览器该怎么处理它。

一个完整的 URL 包括访问协议类型、主机地址、路径和文件名称等几个部分。访问协议类型表示采用什么协议访问哪类资源，以便浏览器决定用什么方法获得资源。例如，"http://"表示采用超文本传输协议 HTTP 访问 WWW 服务器，"ftp://"表示采用文件传输协议 FTP 访问 FTP 服务器。

主机地址表示要访问的主机的 IP 地址或域名地址。路径和文件名称表示信息在主机中的路径和文件名。例如，"http://www.qtc.edu.cn/xxgk/zn.htm"表示采用 HTTP 协议访问 www.qtc.edu.cn 域名所指定的 Web 服务器上 xxgk 目录下的 zn.htm 网页文件。

4. HTTP 和 HTTPS

HTTP 是互联网上应用最为广泛的一种网络协议，是万维网交换信息的基础。它详细规定了浏览器和 Web 服务器之间相互通信的规则，它允许将超文本标记语言编写的文档从 Web 服务器传送到 Web 浏览器。

HTTPS(Hypertext Transfer Protocol Secure，超文本传输安全协议)是以安全为目标的 HTTP 通道，在 HTTP 的基础上通过传输加密和身份认证保证了传输过程的安全性。

5. W3C

W3C(World Wide Web Consortium)的中文名称为"万维网联盟"，亦称"W3C 理事会"。万维网联盟是国际上最著名的标准化组织，于 1994 年 10 月在麻省理工学院(MIT)计算机科学实验室成立。该组织发布了很多 Web 技术标准和实施指南,如超文本标记语言(HTML)、可扩展标记语言(XML)等。

1.6 网页开发技术简介

HTML5、CSS3 和 JavaScript 是设计网页需要掌握的 3 种基本技术: HTML5 用于定义网页的内容;CSS3 用于设计网页元素的表现形式; JavaScript 是与访问网页的用户进行交互的工具。

1.6.1 HTML5 简介

网页开发技术简介

HTML 是一种专门用于创建 Web 超文本文档的编程语言,它能告诉 Web 浏览程序如何显示 Web 文档(即网页)的信息,如何链接各种信息。

HTML 是一种标签式的语言,通过各种不同的标签来描述网页中的文本、图片和声音等元素。使用 HTML 设计的网页文件是一个纯文本文件,文件中的 HTML 代码由许多元素组成,前台浏览器通过解释这些元素而显示各种样式的文档。使用 HTML 可在其生成的文档中含有其他文档,或含有图像、声音、视频等,从而形成超文本。

图 1-2 所示为青岛职业技术学院的网站首页在浏览器中的样子。

图 1-2 青岛职业技术学院网站首页

这个网页文件的 HTML 源代码的基本内容和结构如图 1-3 所示。

HTML 发展至今，先后经历了 HTML1.0、HTML2.0、HTML3.0、HTML4.0、HTML4.01、HTML5 等 6 个主要的版本。值得一提的是，W3C 于 2000 年底发布的 XHTML，是一个更严谨纯净的 HTML 版本，其目的是实现 HTML 向 XML 的过渡，其可扩展性和灵活性可适应未来网络应用的需求。图 1-3 是一个基于 HTML4 版本的网页内容和结构。

```
<!DOCTYPE html PUBLIC "-//W3C//DTD XHTML 1.0 Transitional//EN" http://www.w3.org/TR/xhtml1/DTD/xhtml1-transitional.dtd">
<HTML>                                        网页文件的开始标签
    <HEAD>                                    网页的头部定义
        <TITLE>青岛职业技术学院</TITLE>            浏览器标题提示      该文件需要遵循的 XML 规范
        <META content="text/html; charset=UTF-8" http-equiv="Content-Type">
        <LINK rel="stylesheet" type="text/css" href="css/style.css">
        <SCRIPT type="text/javascript" src="js/jquery-1.8.3.min.js">
    </HEAD>
    <BODY>                                    网页的文字、图片等元素都放在<body>标签之中
        <DIV class="clear"></DIV><!--#begineditable viewid="42670" name="首页网站导航"-->
        <UL class="menu">
            <li><a href="xygk/xyjj.htm" class="tablink">学院概况</a></li>
            <li><a href="zzjg/jxjfzjg.htm" class="tablink">组织机构</a></li>    定义一个无序列表
            <li><a href="http://www.zsc.qtc.edu.cn/" class="tablink">招生就业</a></li>
        </UL>
    </BODY>
</HTML>
```

图 1-3　青岛职业技术学院网站首页的 HTML 源代码的内容和结构

HTML5 是 HyperText Markup Language 5 的缩写，于 2008 年正式发布。HTML5 结合了 HTML4.01 的相关标准并革新，由不同的技术构成，在互联网中得到了非常广泛的应用，提供更多增强网络应用的标准。HTML5 的语法特征更加明显，并且结合了SVG(Scalable Vector Graphics，可缩放矢量图形)的内容。这些内容在网页中使用可更加便捷地处理多媒体内容，且 HTML5 中还结合了其他元素，对原有的功能进行了调整和修改，进行了标准化工作。HTML5 在 2012 年已形成了稳定的版本。2014 年 10 月 28 日，W3C发布了 HTML5 的最终版，其优秀的跨平台特性，使得采用 HTML5 开发的应用也越来越多。

1.6.2　CSS3 简介

CSS(Cascading Style Sheets，层叠样式表)是用于增强控制网页样式并允许将样式信息与网页内容分离的一种标签性语言，可用来表现 HTML 或 XML 等文件样式。CSS 不仅可以静态地修饰网页，还可以动态地配合各种脚本语言对网页各元素进行格式化。

使用 CSS 可以控制许多仅使用 HTML 无法控制的属性。当在浏览器中打开一个 HTML网页时，浏览器将读取该网页中的 HTML 标签，并根据内置的解析规则将网页元素呈现出来。CSS 决定浏览器将如何描述 HTML 元素的表现形式。换而言之，CSS 以 HTML 为基础，提供了丰富的样式，可以设置网页元素的字体、颜色、背景及整体排版等，还可以针对不同的浏览器设置不同的样式。

例如，下面这段 HTML 代码在网页中的显示结果如图 1-4 所示。

```
<!DOCTYPE html>
<html lang="en">
<head>
    <meta charset="UTF-8">
    <title>CSS 样式简介</title>
```

```
</head>
<body>
    <p>这是 HTML P 标签定义的网页元素</p>
</body>
</html>
```

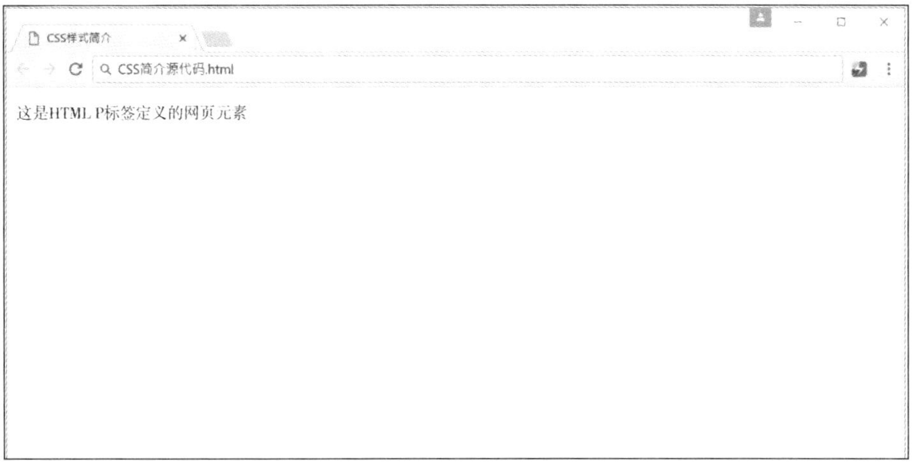

图 1-4　<p>标签的默认显示样式

若使用 CSS 定义这个<p>标签的默认样式，则在 HMTL 代码中增加对<p>标签的样式定义：

```
<style type="text/css">
    p {
        color:red;
    }
</style>
```

上面这段 HTML 代码在网页中的显示如图 1-5 所示，文字的颜色显示为红色。

图 1-5　使用 CSS 改变<p>标签的默认显示样式

CSS3 是 CSS 的升级版本，于 1999 年开始制订，2001 年 5 月 23 日 W3C 完成了 CSS3 的工作草案，主要包括盒子模型、列表模块、超链接方式、语言模块、背景和边框、文字特效、多栏布局等模块。CSS3 的新特征有很多，如圆角效果、图形化边界、块阴影与文字阴影、使用 RGBA 实现透明效果、渐变效果、使用@Font-Face 实现定制字体、多背景图、文字或图像的变形处理(旋转、缩放、倾斜、移动)、多栏布局、媒体查询等。

CSS 演进的一个主要变化是 W3C 决定将 CSS3 分成一系列模块。浏览器厂商按 CSS 的节奏快速创新，通过采用模块方法，CSS3 规范里的元素能以不同速度向前发展。因为不同的浏览器厂商只支持给定特性，但不同浏览器在不同时间支持不同特性，这就让跨浏览器开发变得复杂，做 Web 前端应用或网页设计时兼容性测试变得越来越重要。

1.6.3　JavaScript 简介

JavaScript 是一种基于对象(Object)和事件驱动(Event Driven)且具有安全性能的脚本语言，具有简单、动态、弱数据类型和跨平台等特性，现广泛用于浏览器客户端。通过 JavaScript 可以设计出与用户进行交互并对应相应事件的动态网页，例如设计下拉菜单、实现图片轮播等动态效果，给 HTML 网页增加动态功能。

一个完整的 JavaScript 的实现由以下 3 个不同部分组成：

(1) ECMAScript：描述了 JavaScript 语言的组成、语法和基本对象。

(2) 文档对象模型(DOM)：描述处理网页内容的方法和接口。

(3) 浏览器对象模型(BOM)：描述与浏览器进行交互的方法和接口。

JavaScript 是一种属于网络的高级脚本语言，被广泛用于 Web 应用开发，常用来为网页添加各式各样的动态功能，为用户提供更流畅美观的浏览效果。通常 JavaScript 脚本是通过嵌入在 HTML 中来实现自身的功能。JavaScript 具有以下特点：

(1) 脚本语言：JavaScript 是一种轻量级的可插入 HTML 页面的脚本编程语言，不需要编译。

(2) 面向对象：JavaScript 是一种面向对象的脚本语言，可创建对象，也可使用现有的内置对象。

(3) 跨平台性：JavaScript 脚本语言不依赖于操作系统，主要被作为客户端脚本语言在用户的浏览器上运行，不需要服务器的支持，具有跨平台的特点。

例如下面这段代码的功能是使用 JavaScript 来检查文本框中输入的内容是否包含非数字的内容：

```
<!DOCTYPE html>
<html>
<head>
    <meta charset="utf-8">
    <title>初识 JavaScript 代码</title>
</head>
<body>
```

```
<h1>一个简单的验证数字的 JavaScript 代码案例</h1>
<p>请输入数字。如果输入值不是数字，浏览器会弹出提示框。</p>
<input id="demo" type="text">
<script>
    function myFunction()      {
        var x=document.getElementById("demo").value;
        if(isNaN(x)||x.replace(/(^\s*)|(\s*$)/g,"")==""){
            alert("不是数字");
        }
    }
</script>
<button type="button" onclick="myFunction()">点击这里</button>
</body>
</html>
```

当文本框中输入了包含非数字的内容时，单击"点击这里"按钮时，JavaScript 会检查到内容输入不合法，并弹出如图 1-6 所示的提示对话框。

图 1-6　提示对话框

JavaScript 的标准是 ECMAScript。截至 2012 年，所有浏览器都完整地支持 ECMAScript 5.1，旧版本的浏览器至少支持 ECMAScript 3。2015 年 6 月 17 日，ECMA 国际组织发布了 ECMAScript 的第六版，该版本正式名称为 ECMAScript 2015，但通常被称为 ECMAScript 6 或 ES2015。

1.7　一个简单的网页设计实例

通过前面的学习，我们已经对网页设计的基本概念、设计网页需要的 HTML5、CSS3

和 JavaScript 等技术有了一个基本的了解，下面我们使用 EditPlus 来做一个简单的仿照，设计一个如图 1-7 所示的百度网站首页的网页。

做一个简单的网页

图 1-7　百度网站首页

1.7.1　准备工作

在设计一个网站时，通常要将网站所需的图片文件、CSS 样式文件、HTML 网页文件、JavaScript 脚本文件放在不同的目录下。网站的基本目录结构如图 1-8 所示。

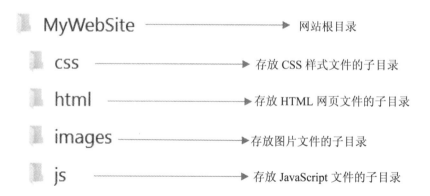

图 1-8　网站的基本目录结构

1.7.2　编写 HTML5 代码

打开 EditPlus，选择 File→New→HTML Page，EditPlus 会生成一个网页文件的基本结构，只需把百度首页的百度标识图片、搜索内容输入框和"百度一下"按钮 3 个网页元素对应的 HTML5 代码输入在网页文件中，就可得到一个类似于百度首页的网页了。网页源代码如下：

```
<!doctype html>
<html lang="en">
 <head>
   <meta charset="UTF-8">
   <meta name="Generator" content="EditPlus®">
   <meta name="Author" content="">
   <meta name="Keywords" content="">
   <meta name="Description" content="">
   <title>仿百度首页</title>
 </head>
 <body>
   <div id="search">
     <img src="../images/bd_logo.png" alt="百度 logo"/>
     <input class="input_text" type="text" size="40"></input>
     <input class="input_button" type="button" value="百度一下"></input>
   </div>
 </body>
</html>
```

把这个网页存储到前面建好的 html 目录下，文件名为 index.html。然后在浏览器中打开这个网页文件，显示的结果如图 1-9 所示。

注意：bd_logo.png 这个图片文件要放在 images 目录下，否则图片会无法显示。

图 1-9　仿百度网站首页网页在浏览器中的显示结果

现在这个网页与我们经常使用的百度网站首页的显示效果差别还很大，这就需要使用 CSS3 设计基本的网页元素的样式来美化显示效果。

1.7.3　设计 CSS3 样式

对于刚才设计好的网页，可使用 CSS3 来进行网页内容居中显示、修改搜索内容输入框大小、改变"百度一下"按钮颜色和对齐方式。将下面这段 CSS3 样式代码添加到"<title>仿百度首页</title>"这行代码后面：

```
<style type="text/css">
#search {
    margin:0px auto;
    width:600px;
        text-align:center;
}
img {
    width:320px;
    height:120px;
    margin-left:100px;
}
.input_text {
    width:400px;
    float:left;
    height:24px;
        margin-left:100px;
}
.input_button {
    float:left;
    color:white;
    background:#317EF3;
    border:1px solid #317EF3;
    height:30px;
    line-height:30px;
    font-size:16px;
}
  </style>
```

1.7.4　添加 CSS3 样式后网页的显示效果

使用 CSS3 样式修改了网页元素的对齐方式、字体大小、颜色等默认的显示效果后，所得到的仿百度网站首页的网页在浏览器中的显示效果如图 1-10 所示。

图 1-10 添加 CSS3 样式后网页在浏览器中的显示效果

练 习 与 实 践

一、选择题

1. HTML 是指(　　)。

A. 超文本标记语言(HyperText Markup Language)

B. 家庭工具标记语言(Home Tools Markup Language)

C. 超链接和文本标记语言(Hyperlink and Text Markup Language)

D. 以上都不是

2. Web 标准是由(　　)制定的。

A. 微软公司(Microsoft)　　　　　　　B. 英特尔公司(Intel)

B. 苹果公司(Apple)　　　　　　　　　D. 万维网联盟(W3C)

3. (　　)不是开发网页的软件。

A. EditPlus　　　　　　　　　　　　　B. Visual Studio Code

C. WebStorm　　　　　　　　　　　　D. Visual C++

4. (　　)不是常用的浏览器。

A. Chrome　　　　　　　　　　　　　B. NotePad

C. Internet Explorer　　　　　　　　　D. Firefox

5. (　　)是 HTML 最新的标准。

A. HTML4.0　　　　　　　　　　　　　B. CSS3

C. ECMAScript6　　　　　　　　　　　D. HTML5

二、填空题

1. HTTP 的全称是_____，CSS 的全称是_____，URL 的全称

是_____，WWW 的全称是_____。

2. 常用的主流浏览器有_____、_____、_____等。

3. 网页文件的扩展名一般为_____或_____。

三、简答题

1. Web 是如何工作的？

2. 静态网页和动态网页的区别与联系分别是什么？有哪些技术分别用于开发静态网页和动态网页？

四、实践题

下载并安装 EditPlus，使用 EditPlus 编写如图 1-11 所示内容的网页，并在浏览器中显示该网页。

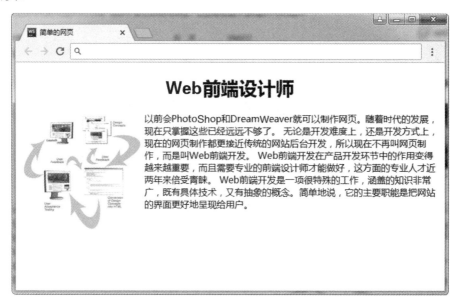

图 1-11　实践题

第2章 HTML5

HTML 是一种用于创建网页(Web 页面)的标签式语言。HTML 使用标签来描述网页,可用于构建 Web 站点中的网页,网页中包含了 HTML 标签及文本内容。HTML 被用来对网页的内容(文字、图片等)进行结构化处理,处理后的内容由浏览器来解释执行。HTML5 由不同的技术构成,在互联网中得到了非常广泛的应用,它提供了更多增强网络应用的标准。HTML5 的语法特征更加明显,且结合了 SVG 的内容,可更加便捷地处理多媒体内容。HTML5 还结合了其他元素,对原有的功能进行了调整和修改,进行了标准化工作。

2.1 HTML5 的基本语法

HTML5 是一种标签式语言,通过使用各种不同的标签来定义网页元素。HTML5 标签是由尖括号包围的关键词,如<html>。它通常分为双标签和单标签且对大小写不敏感,对于浏览器来说,<html>、<HTML>和<Html>都是同一个标签。

HTML5 的基本语法

1. 双标签

HTML5 标签通常是成对出现的,双标签由开始标签和结束标签两部分组成,必须成对使用,基本格式为:

> <标签名>内容</标签名>

如标题 1 标签:<h1>标题内容</h1>,标签对中的第一个标签<h1>是开始标签,第二个标签</h1>是结束标签。

标签可以成对嵌套,但是不能交叉使用。例如可以在<h3>标签中嵌套一个<i>标签:

> <h3>在 h3 标签中正确嵌套 i 标签</h3>

而这样交叉嵌套是错误的:

> <h3>在 h3 标签中正确嵌套 i 标签</h3>

2. 单标签

单标签是指单独使用即可表达明确意思的标签,不需要成对出现。单标签的基本格式为:

> <标签名/> 或 <标签名>

按照 XHTML1 规范要求,单标签也需要加上结束标志,即要使用<标签名/>这样的格式。

常用的 HTML5 单标签有换行标签
、水平分割线标签<hr/>等。

3. 标签属性

大多数的 HTML5 标签都具有属性，通过设定属性值，可让标签在浏览器中有不同的表现形式。HTML5 标签属性的基本语法为：

<标签名称 属性名 1="属性值 1" 属性名 2="属性值 2"…属性名 n="属性值 n">

例如<hr>标签用于显示一条水平线，我们可通过设置它的 size 属性来改变所显示的水平线的粗细：

<hr size="5" color="red" width="75%"/>

该语句中，size 属性的值为 5，指定该水平线的粗细为 5 px；color 属性的值为 red，指定该水平线的颜色为红色；width 属性的值为 75%，指定该水平线的宽度占浏览器窗口大小的 75%。<hr>标签设置属性后的显示效果如图 2-1 所示。

图 2-1   <hr>标签设置属性后的显示效果

4. 注释

作为一个合格的 Web 前端开发工程师，需要养成良好的编程习惯，例如在网页文件中添加一定的注释，以提高代码的可读性和可维护性。

网页文件中所添加的注释，在浏览器中显示时会被忽略掉。在 HTML5 代码中，使用<!-- 和 -->标签添加注释，语法格式为：

<!-- 注释信息 -->

注意：左尖括号、感叹号和两个横线(<!--)之间不能有空格等符号。"-->"是注释结束符号。

2.2　HTML5 文档的基本结构

一个完整的 HTML5 文档由头部(head)和主体(body)两部分组成。HTML5 文档以<html>标签开始，以</html>标签结束，所有的 HTML5 代码都位于这两个标签之间。一个完整的 HTML5 文档结构如图 2-2 所示。

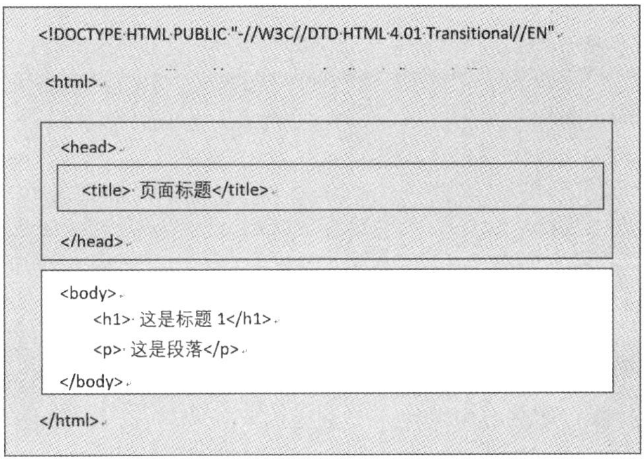

```
<!DOCTYPE·HTML·PUBLIC·"-//W3C//DTD·HTML·4.01·Transitional//EN">

<html>·

    <head>·
        <title>·页面标题</title>·

    </head>·

    <body>·
        <h1>·这是标题 1</h1>·
        <p>·这是段落</p>·
    </body>·

</html>·
```

图 2-2　一个完整的 HTML 文档结构

HTML5 文档的基本结构

<!DOCTYPE>标签位于文档的最前面，用于向浏览器说明当前文档使用的是哪种 HTML 规范，有助于浏览器正确地显示网页。图 2-2 中的 HTML 代码使用的是 HTML4.01 规范，HTML5 规范将该标签简化为<!DOCTYPE html>。

注意：DOCTYPE 是不区分大小写的。

<html>标签用于告诉浏览器，这是一个 Web 文档，要按照 HTML 规范对文档内容进行解释。

<head>标签是 HTML 的头部标签，用于定义网页的标题、元信息、引入的外部样式表、脚本文件等信息。一个 HTML 文档只能有一对<head>标签。

<body></body>标签之间的内容就是用 HTML 标签来定义的在网页中要显示的文字、图片等信息。只有<body></body>之间的内容才会在浏览器中显示出来。

2.3　HTML5 文档头部相关标签

HTML5 文档的头部标签<head>主要包含页面标题标签、元信息标签、引入的外部样式表、脚本文件等信息，<head>标签所包含的信息一般不会显示在网页上。

HTML5 文档头部相关标签

2.3.1 页面标题标签<title>

<title>标签用于定义 HTML5 文档的标题，<title></title>标签之间的内容将显示在浏览器窗口的标题栏中，其基本的语法格式为：

```
<title>网页标题内容</title>
```

下面的 HTML5 文档在浏览器中的显示效果如图 2-3 所示。

```
<!DOCTYPE html>
<html lang="en">
<head>
    <meta charset="UTF-8">
    <title>页面标题标签实例</title>
</head>
<body>
    页面标题标签设置的内容显示在浏览器的标题栏
</body>
</html>
```

图 2-3　<title>标签实例

2.3.2 元信息标签<meta>

<meta>标签用于提供网页的元信息，这些信息不会显示在网页上，但对浏览器来说是可读的，用于设置网页的搜索关键字、编码格式等。

<meta>标签有两个属性：name 和 http-equiv。

name 属性用于设置网页的搜索关键字、版权信息、作者等。具体的内容由 content 属性来设置。例如：

```
<meta name="" content=""/>
```

其中，name 属性用于描述网页，它是名称/值对中的名称，主要取值为 author、description、keywords、robots 和 viewport 等。name 属性所描述的具体内容由 content 属性设置。

当信息从服务器传到客户端时，http-equiv 属性将模拟 http 协议文件的头部信息，告诉浏览器如何正确显示网页内容。该属性一般与 content 属性配合使用，content 属性用于指定信息的详细参数。例如：

    `<meta http-equiv="" content=""/>`

其中，http-equiv 属性提供 HTTP 协议的响应头，用于给浏览器提供一些响应信息，它是名称/值对中的名称。http-equiv 属性的值所描述的具体内容通过 content 属性设置。

1．name 属性的设置

(1) 定义网页关键词：

    `<meta name="keywords" content="HTML,CSS,PHP,JavaScript"/>`

该语句告诉搜索引擎网页的关键词是 HTML、CSS、PHP 和 JavaScript。

(2) 定义网页的基本描述：

    `<meta name="description" content="这是一个学习网页设计的网站"/>`

该语句用于说明网站的主要内容是什么。

(3) 定义网页作者：

    `<meta name="author" content="Aaron"/>`

该语句用于说明网页的作者是 Aaron。

2．http-equiv 属性的设置

(1) 页面重定向和刷新：

    `<meta http-equiv="refresh" content="数字; url=URL 地址"/>`

该语句用于定义当前网页多长时间刷新或重定向到指定的 URL 地址。content 内的数字代表时间(秒)，即多少时间后刷新。如果指定了 URL，经过设定时间后，网页会重定向到指定网页 URL 所指向的地址。

(2) 设置网页编码：

    `<meta http-equiv="content-type" content="text/html;charset=网页编码" />`

该语句告诉浏览器这是一个 HTML 文件，需要用 UTF-8 的编码格式进行解释。**注意：** 网页源文件的编码格式也要采用 UTF-8 进行编码。通常将网页的编码设置为 UTF-8 会有更好的兼容性，对中文显示的支持也较好。

在 HTML5 版本中，设置当前网页的字符编码为 UTF-8，可简化为如下语句：

    `<meta charset="UTF-8">`

2.3.3　其他标签

在`<head></head>`标签之间，可使用`<link>`标签将外部的层叠样式表(CSS)文件引入到当前网页中，或使用`<script>`标签将外部的 JavaScript 代码引入到当前网页文件中。这两个标签的具体使用方法将在第 3 章 CSS3 和第 4 章 JavaScript 中详细讲解。

2.4　段落与文本格式化

要设置网页中文本的字体、颜色、字号等内容或对网页中的文字进行分段等操作，需

要用到<p>、<font>等与文字分段和文本格式化相关的 HTML5 标签。

2.4.1　字体标签<font>

<font>标签用于设定网页中文本的字体、字体大小、颜色等属性。在 HTML5 规范中通常使用 CSS3 来定义文本的样式，该标签不推荐使用。

<font>标签

<font>标签的基本语法格式为：

　　　<font face="字体名称" size="字体大小" color="字体颜色">文本内容</font>

其中：

(1) face 属性：设定位于<font></font>之间文本的字体名称。字体名称可以是多个，用"，"分隔开即可。浏览器使用时，从左向右依次选择。

(2) size 属性：设定位于<font></font>之间文本的字体大小。取值为 1～7，数字越大，字体越大。

(3) color 属性：设定位于<font></font>之间文本的字体颜色。可使用两种方法表示颜色，一种是使用颜色的英文名称；另一种是使用#后面跟 6 位分别表示红、绿、蓝 3 种颜色的十六进制数字组合成的颜色，如#ff0000 表示的是红色，#00ff00 表示的是绿色，#0000ff 表示的是蓝色。

以上 3 个属性可以根据需要组合起来使用。例如下面这段标签：

　　　<font face="隶书" size="6" color="#ffff00">这是 6 号字、黄颜色的隶书</font>

在浏览器中的显示效果如图 2-4 所示。

图 2-4　<font>标签实例

2.4.2　样式标签

样式标签用于告诉浏览器应该以何种格式显示文字，如把文字显示为加粗、加下划线等效果。常用的样式标签如表 2-1 所示。

样式标签

表 2-1　常用的样式标签

序号	标　签	效　果
1	\加粗显示的文字\	加粗
2	\<i>斜体显示的文字\</i>	斜体
3	\<u>文字下面有下划线\</u>	下划线
4	\<del>文字中间有删除线\</del>	删除线
5	\^{上标显示的文字\}	上标
6	_{下标显示的文字\}	下标
7	\<small>字体变小\</small>	变小字号
8	\<big>字体变大\</big>	变大字号
9	\<tt>打字机字体\</tt>	打字机字体
10	\<abr>表示缩写\</abr>	缩写
11	\<address>地址\</address>	地址
12	\<cite>引用\</cite>	引用(斜体)
13	\<code>固定宽度字体\</code>	固定宽度显示的计算机代码
14	\强调显示的文本\	黑体强调文字

以下 HTML5 代码使用了上表中的样式标签：

```
<!DOCTYPE html>
<html lang="en">
<head>
    <meta charset="UTF-8">
    <title>格式化标签实例</title>
</head>
<body>
    <b>b 标签加粗显示的文字</b><br/>
    <i>i 标签斜体显示的文字</i><br/>
    <u>u 标签下划线的文字</u><br/>
    <del>del 标签删除线的文字</del><br/>
    <small>small 标签变小字号的文字</small><br/>
    <big>big 标签变大字号的文字</big><br/>
    普通文字<sup>sup 标签的上标文字</sup><br/>
    普通文字<sub>sub 标签的下标文字</sub><br/>
    <tt>tt 标签的打字机字体文字</tt><br/>
    <cite>cite 标签显示的引用(斜体)文字</cite><br/>
    <strong>strong 标签加粗显示的文字</strong><br/>
    <address>address 标签显示的地址信息</address>
```

```
<code>code 标签显示的固定宽度文字 information</code>
</body>
</html>
```

这些标签在浏览器中显示的效果如图 2-5 所示。

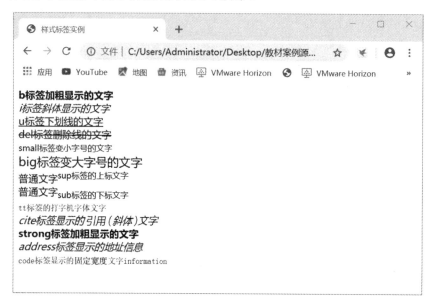

图 2-5　样式标签显示效果实例

2.4.3　段落标签<p>

<p>标签在网页中用来开始一个新的段落，也用于对网页中的文字进行分段。浏览器会自动在<p>标签的前后添加一些空白，这些空白的大小可使用样式表进行控制。<p>标签的基本语法格式为：

段落标签<p>

```
<p align="left|center|right|justify">段落的正文内容</p>
```

其中，align 属性用于设置<p>标签之间文字的对齐方式，取值有 left(左对齐)、center(居中)、right(右对齐)和 justify(两端对齐)。

以下是一些使用<p>标签不同 align 属性的 HTML5 代码：

```
<p align="left">左对齐的一段文字(align 属性的值为：left)</p>
<p align="right">右对齐的一段文字(align 属性的值为：right)</p>
<p align="center">居中的一段文字(align 属性的值为：center)</p>
<p align="justify">两端对齐效果的一段文字(align 属性的值为：justify)。标签在网页中用来开始
one new 段落，用于对网页中的文字进行分段，浏览器会自动在标签的前后添加一些空白，这些空白
的大小可以使用样式表进行控制。</p>
<p>未使用两端对齐效果的一段文字(align 属性的值为空)。标签在网页中用来开始 one new 段
落，用于对网页中的文字进行分段，浏览器会自动在标签的前后添加一些空白，这些空白的大小可
以使用样式表进行控制。</p>
```

以上代码在浏览器中的显示效果如图 2-6 所示。

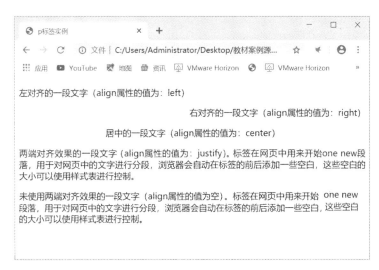

图 2-6　<p>标签实例

2.4.4　换行标签

网页内容在浏览器中的显示形式都是由各种标签来设置的，所以即使在网页源文件中使用回车键对文字内容进行了换行，但在浏览器中显示时，文字内容仍然会在同一行中。

如果需要让显示的内容产生换行的效果，就要用到
标签，这是一个单标签。在 2.4.2 节给出的 HTML5 源代码中，已经用到了很多的
标签，这样显示的内容在浏览器中产生了换行效果。如果去掉
标签，这个网页中的内容就会显示在同一行中。

换行标签

2.4.5　水平分割线标签<hr>

<hr>标签也是一个单标签，用于在网页中显示出一条水平的分割线，这条分割线的颜色、粗细和长度都可通过设置该标签的相关属性来实现。该标签的基本语法格式为：

水平分割线标签<hr>

```
<hr width="" size="" color="" align="left|center|right"/>
```

其中：

(1) width 属性：设置水平线的宽度，可以使用像素或者百分比的方式。

(2) size 属性：以像素(px)为单位设置水平线的高度。

(3) color 属性：设置水平线的颜色。

(4) align 属性：设置水平线的对齐方式。

例如下面这段代码会在浏览器中居中显示一个占浏览器宽度 50%、4 px 高、红颜色的水平线，如图 2-7 所示。

```
<hr width="50%" size="4px" color="red" align="center"/>
```

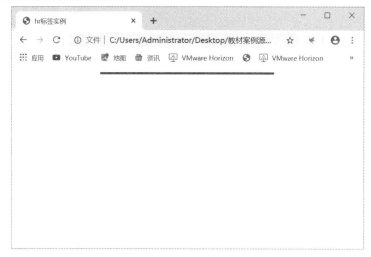

图 2-7   <hr>标签实例

2.4.6   内容居中标签<center>

<center></center>标签之间的内容，不管是文字、图片还是其他对象，在浏览器中都会居中显示。

内容居中标签<center>

2.4.7   预格式化标签<pre>

设计网页时，如果需要保留文字中的空格、换行或缩进的效果，可以将该段文字放在<pre></pre>标签之间。

<pre>标签会把一段文字在网页源文件中的编辑效果原样展示在浏览器中，所以在做诗歌内容的网页时，可以使用该标签。例如：

预格式化标签<pre>

```
<!DOCTYPE html>
<html lang="en">
<head>
    <meta charset="UTF-8">
    <title>pre 预格式化标签实例</title>
</head>
<body>
    <pre>
                苔
          作者：袁枚(清)
        白日不到处，青春恰自来。
        苔花如米小，也学牡丹开。
    </pre>
</body>
```

```
</html>
```

上面这段代码在浏览器中的显示效果如图 2-8 所示。

图 2-8　<pre>标签实例

如果不使用<pre>标签，即使在网页源文件中的文本内容有空格、换行，在浏览器中显示时，空格和换行也会被过滤掉。例如下面这段去掉<pre>标签的 HTML5 代码在浏览器中的显示效果如图 2-9 所示。

```
<!DOCTYPE html>
<html lang="en">
<head>
    <meta charset="UTF-8">
    <title>pre 预格式化标签实例</title>
</head>
<body>
            苔
        作者：袁枚(清)
        白日不到处，青春恰自来。
        苔花如米小，也学牡丹开。
    </body>
</html>
```

图 2-9　不使用<pre>标签的显示效果

2.4.8　标题标签<h1>～<h6>

<h1>～<h6>标签可定义不同大小的标题，其中<h1>定义的标题最大，<h6>定义的标题最小。在实际网页设计中，一般不使用标题标签来设定显示内容字体的大小，而是使用样式表来实现。

标题标签

<h1>～<h6>标签定义的标题在浏览器中的显示效果如图 2-10 所示。

图 2-10　标题标签实例

2.4.9　<div>和<span>标签

<div>和<span>标签并没有特别的意义，在设计网页时，通常用于其他网页元素或文字的容器，可使用 CSS3 样式灵活地定义它们的位置，或使用 JavaScript 来动态地修改其中的内容。

1. <div>标签

DIV(division)是分区或分节的意思。<div>标签是一个块级标签，该标签中的内容会独占一段，其基本语法格式为：

<div>和<span>标签

　　<div id="" class="" style="">div 中的其他网页元素</div>

和其他 HTML5 标签一样，也可为<div>标签指定 id、class 和 style 属性，<div>标签的这几个属性通常用于设置其样式。

<div>标签中不仅可以包含文字、图像、音视频等 HTML5 元素，也可以包含<div>，这样就形成了图层之间的嵌套，以实现复杂的网页布局设计。

2. <span>标签

<span>标签是行内标签(行内元素)，<span></span>标签之间的内容不会单独占用一行，也就是说，<span>标签的前后不会自动换行。通常用<span>标签来实现动态显示的效果。<span>标签的基本语法格式如下：

```
<span id="" class="" style=""></span>
```

设计网页时，我们可以把一个<span>标签的 display 样式设置为 none，实现隐藏，在需要显示时，再把 display 设置为 inline，即可实现动态显示<span></span>标签之间内容的效果。

2.5 列   表

使用 HTML5 提供的列表标签可以将网页中的信息进行合理的布局，通过有序或无序的方式显示出来。HTML5 中提供了多种列表标签，比较常用的有无序列表、有序列表和自定义列表。在实际网页设计中，通常把列表和样式表结合起来，实现更为美观的显示效果。

2.5.1 无序列表标签<ul>

<ul>标签通过在相关信息的前面加上"圆点"等与次序无关的符号来展示信息。该标签的语法格式为：

无序列表标签<ul>

```
<ul type="disc|circle|square">
        <li>列表项</li>
        <li>列表项</li>
        ...
</ul>
```

其中，type 属性有 3 种取值，disc(实心圆形)、circle(空心圆形)和 square(实心正方形)。

下面这段不同类型无序列表的 HTML5 代码在浏览器中的显示效果如图 2-11 所示。

```
<!DOCTYPE html>
<html lang="en">
<head>
    <meta charset="UTF-8">
    <title>无序列表实例</title>
</head>
<body>
<h4>type 属性为 disc 的无序列表</h4>
<ul type="disc">
    <li>苹果</li>
    <li>香蕉</li>
    <li>桔子</li>
</ul>
```

```
<h4>type 属性为 circle 的无序列表</h4>
<ul type="circle">
    <li>足球</li>
    <li>篮球</li>
    <li>排球</li>
</ul>
<h4>type 属性为 square 的无序列表</h4>
<ul type="square">
    <li>动漫</li>
    <li>手游</li>
    <li>网游</li>
</ul>
</body>
</html>
```

图 2-11   无序列表标签的显示效果

2.5.2   有序列表标签<ol>

<ol>标签通过在相关信息的前面加上"数字"等与次序有关的符号来展示信息，其语法格式为：

有序列表标签<ol>

```
<ol type="1|A|a|I|i" start="">
        <li>列表项</li>
        <li>列表项</li>
        …
    </ul>
```

其中：

（1）type 属性：取值"1|A|a|I|i"，分别表示列表项前面的序号按照数字、大写英文字母、小写英文字母、大写罗马字母、小写罗马字母的方式来显示。

（2）start 属性：定义有序列表的起始编号。例如将 type 属性设置为"a"，start 属性设置为"3"，则第一个列表项前面的序号将显示为小写字母"c"。

下面这段不同类型有序列表的 HTML5 代码在浏览器中的显示效果如图 2-12 所示。

```
<!DOCTYPE html>
<html lang="en">
<head>
    <meta charset="UTF-8">
    <title>有序列表实例</title>
</head>
<body>
<h4>type 属性为"1"的有序列表</h4>
<ol type="1">
    <li>第一项</li>
    <li>第二项</li>
    <li>第三项</li>
</ol>
<h4>type 属性为"A"，start 属性为"3"的有序列表</h4>
<ol type="A" start="3">
    <li>第一项</li>
    <li>第二项</li>
    <li>第三项</li>
</ol>
<h4>type 属性为"a",第二个列表项的 value 属性为 3 的有序列表</h4>
<ol type="a">
    <li>第一项</li>
    <li value="3">第二项</li>
    <li>第三项</li>
</ol>
<h4>type 属性为"I"的有序列表</h4>
<ol type="I">
    <li>第一项</li>
    <li>第二项</li>
    <li>第三项</li>
</ol>
<h4>type 属性为"i"的有序列表</h4>
<ol type="i">
    <li>第一项</li>
```

```
        <li>第二项</li>
        <li>第三项</li>
    </ol>
    </body>
    </html>
```

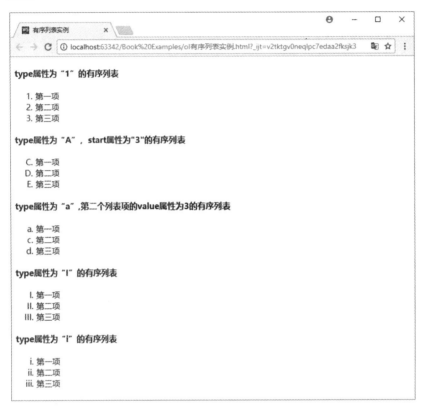

图 2-12　有序列表标签的显示效果

2.5.3　自定义列表标签<dl>

设计网页时，除了可以使用样式表与<ul>、<ol>标签进行网页布局外，还可以使用<dl>标签来定义一个描述列表。例如在做一个程序功能模块发布网页时，就可以使用<dl>标签。<dl>标签要与<dt>、<dd>标签一起使用，<dt>标签用于定义项目，<dd>标签用于描述项目。

下面这段代码在浏览器中的显示效果如图 2-13 所示。

```
    <dl>
        <dt>项目 1 名称</dt>
        <dd>项目 1 的说明</dd>
        <dt>项目 2 名称</dt>
        <dd>项目 2 的说明</dd>
        <dd>项目 2 的说明</dd>
    </dl>
```

自定义列表标签<dl>

图 2-13 自定义列表标签的显示效果

2.6 超 链 接

HTML5 使用超链接与网络上的其他资源建立连接关系,大多数的网页自身包含有超链接指向其他相关的资源。超链接可以是一个字、一个词或一组词,也可以是一幅图像或其他可以下载的资源。通过超链接,把有用的相关资源连接在一起,就形成了所谓的万维网。在浏览器中浏览网页时,当你把鼠标指针移动到网页中的某个链接上时,指针会变为一只小手,单击这个超链接,就可跳转到我们感兴趣的资源页面。

2.6.1 超链接标签<a>

使用<a>标签可在 HTML5 中创建链接,具体链接的资源目标可通过<a>标签的 href(Hypertext Refrence,超文本引用)属性来指定。有两种使用<a>标签的方式:

(1) 使用 href 属性,创建指向另一个文档的链接。

(2) 使用 name 属性,创建文档内的书签。

在所有浏览器中,链接的默认外观如下 3 种:

(1) 未被访问的链接带有下划线且是蓝色的。

(2) 已被访问的链接带有下划线且是紫色的。

(3) 活动链接带有下划线且是红色的。

超链接标签<a>

<a>标签的基本语法格式为:

  <a href="超链接目标的 URL 地址" name="锚点的名称" title="链接所指向目标的提示信息"
    target="_blank|_self|_top|_parent|framename">超链接显示内容</a>

其中:

(1) href 属性:使用 URL 地址定义链接所指向的目标资源。关于使用 URL 地址表示资源的详细方式,可以参阅 1.5 节的 URL 相关内容。

(2) name 属性:定义文档内链接的锚点(anchor)名称。

(3) title 属性:提供关于链接目标的额外信息。

(4) target 属性:定义单击超链接打开目标窗口的方式。该属性的取值为有以下几种:

① _blank:在一个新的空白窗口中打开超链接。

② _self：在当前框架(或当前窗口)中打开超链接(默认方式)。

③ _top：在顶层框架中打开超链接。

④ _parent：在窗口主体(或当前框架)的上一层打开超链接。

⑤ framename：在指定名字的框架中打开超链接。

2.6.2 路径的表示方法

路径的表示方法

在万维网中，每一个资源(网页、视频、图片等)都可使用统一资源定位符(URL)进行描述。例如 http://www.qtc.edu.cn/info/1022/26803.htm 这个 URL 地址表示的是访问 www.qtc.edu.cn 网站的 info/1022 路径下的 26083.htm 这个网页文件。在设计网站时，需要把资源所在的路径描述正确，否则就会出现找不到相关资源的情况。可采用绝对路径或相对路径的方法来描述资源所在位置。

1. 绝对路径

绝对路径指的是网页文件等资源在网站或硬盘上的完整路径。使用绝对路径时必须输入完整的描述路径，这种方法指向的链接目标地址清晰明确，但缺点就是一旦该文件被移动就会造成文件无法显示的情况，需要重新设置所有的相关链接。

绝对路径通常用于引用当前网站之外的相关资源。例如要引用青岛职业技术学院的 Logo，我们可使用这个绝对路径描述的 URL 地址： http://www.qtc.edu.cn/images/logo.png。

2. 相对路径

相对路径指的是当前文件相对于其他资源文件或文件夹的路径。这种地址形式利用的是构建链接的两个文件之间的相对关系，不受站点文件夹所处服务器位置的影响，只是省略了绝对路径中的相同部分。这样做的优点是在站点文件所在服务器地址发生改变时，文件夹的所有内部链接都不会出现问题。

相对路径适合于引用网站内部的相关资源。相对位置的描述需要用 3 个特殊的符号："."代表目前所在的目录；".."代表上一层目录；"/"代表根目录。

例如"<a href="index.html">首页</a>"表示引用当前目录下的 index.html 这个网页文件，也可表示为"<a href="./index.html">"，加上"./"是为了进一步强调当前路径；"<a href="../index.html">首页</a>"表示引用当前目录上一级目录下的 index.html 网页文件。

2.6.3 网页内跳转

网页内跳转

如果一个网页的内容偏多，在浏览网页过程中，需要跳转到当前网页的某个位置，可通过使用<a>标签来定义一个书签的方式来实现。

1. 先定义一个书签

通过<a>标签的 name 属性来定义书签：

        <a name="锚点名称"></a>

即在<a>标签所在的位置定义一个锚点。例如使用如下的 HTML5 代码来定义一个名为"project"的书签：

        <a name="project">书签的标题文字</a>

2. 定义链接到书签的超链接

使用<a>标签的 href 属性定义一个超链接，指向书签的定义位置：

<a href="文件名#锚点名称"></a>

即该超链接指向文件名所指定网页文件中的锚点位置，如果是在同一个网页的不同部分跳转文件名可以省略。例如下面的 HTML5 代码就可定义一个指向当前网页文件中的名为"project"的书签的超链接：

<a href="#project">跳转到 project 书签的定义位置</a>

当用户在该超链接上单击时，会跳转到网页中 project 书签的定义位置。

注意：href 属性中书签名前面要加上一个"#"，以告诉浏览器这是一个要跳转到指定的书签位置的超链接。

2.7　图像与多媒体

要构建一个丰富多彩的网站，网页中仅有文字和超链接是远远不够的，图像、音频、视频和 Flash 动画等多媒体资源可以丰富一个网站的内容，从而吸引更多的访问者。

2.7.1　图像

<img>标签用于在网页文件中插入图像，通过设置该标签的相关属性，可设置所插入图像的显示大小、替换文字等。<img>标签的基本语法格式为：

图像

<img src="图像文件的 URL 地址" width="图像显示宽度"
height="图像显示高度" border="边框宽度" alt="替换文字"
align="图像与周边文字的对齐方式">

<img>标签的属性较多，使用起来有很大的灵活性，但在网页设计中，这些属性用的较多的是 src、width、height、alt 和 border，其他的属性所实现的效果通常使用样式表来进行控制。几个常用属性是：

(1) src 属性：设定要显示图像的 URL 地址。

(2) width 属性：设置图像在浏览器中显示的宽度(像素单位)。

(3) height 属性：设置图像在浏览器中显示的高度(像素单位)。

(4) alt 属性：当图像在浏览器中无法显示的时候，替代显示的文字信息。

(5) border 属性：设置图像周围的边框。

<img>标签还有 align、hspace、vspace 等和图像对齐方式、间距有关的属性。在实际网页设计中，很少使用这几个属性进行图像和文字的混排，而是使用样式表来控制图文混排的效果，所以这几个属性就不详细介绍了。

2.7.2　图像映射

图像映射是指带有可点击区域的一幅图像。要完成图像映射要用到 3

图像映射

种标签：<img> 标签、<map>标签和<area>标签。

<map>标签与<area>标签用于定义图像中的映射区域，<area>标签永远嵌套在 <map>标签内部，用于定义图像的具体映射区域。<map>标签的基本语法格式为：

```
<map name="map 名称">
    <area/>
    <area/>
</map>
```

<map>标签的 name 属性所定义的名字，将被<img>标签的 usemap 属性引用。

<area>标签的基本语法格式为：

```
<area shape="rect|poly|circle" coords="映射坐标" alt="提示"/>
```

其中 shape 属性的取值用于确定映射区域的形状，映射区域的坐标由 coords 属性来具体指定。

如果 shape="rect"，则映射区域为矩形；coords 属性的值为 x1、y1、x2、y2，用于定义矩形区域的左上角和右下角坐标。

如果 shape="circle"，则映射区域为圆形；coords 属性的值为 x、y、radius，用于定义圆形区域圆心的坐标和半径。

如果 shape="poly"，则映射区域为多边形；coords 属性的值为 x1、y1、x2、y2、xn、yn，用于定义多边形各个顶点的坐标；如果最后一个坐标和第一个不一致，浏览器会自动添加最后坐标，以实现图形的封闭。

<img>标签的 usemap 属性可引用<map>标签的 id 或 name 属性所定义的具体映射图像。例如：

```
<!DOCTYPE html>
<html lang="en">
<head>
    <meta charset="UTF-8">
    <title>图像映射实例</title>
</head>
<body>
<h4>点击太阳或其他行星，注意变化：</h4>
<img src="./images/planets.gif" width="145" height="126" alt="Planets" usemap="#planetmap">

<map name="planetmap">
    <area shape="rect" coords="0,0,82,126" target="_blank" alt="Sun" href="./images/sun.gif">
    <area shape="circle" coords="90,58,3" target="_blank" alt="Mercury" href="./images/merglobe.gif">
    <area shape="circle" coords="124,58,8" target="_blank" alt="Venus" href="./images/venglobe.gif">
</map>

</body>
</html>
```

上面这段代码中<map>标签定义了一个名为"planetmap"的映射图像，该映射图像中分别定义了一个矩形区域和两个圆形区域。

<img>标签使用 usemap 属性引用了名为"planetmap"的映射图像。

在浏览器中，上面的代码显示效果如图 2-14 所示。

图 2-14　图像映射实例

当鼠标移动到左边的矩形区域时，就会变成超链接的小手图样，此时单击鼠标左键，就会在浏览器中打开这个 URL 地址所"./images/sun.gif"指向的 sun.gif 这幅图片。这里用到了前面讲到的相对路径"./"。

同样，当我们把鼠标移动到中间或右边的两个圆形区域上时，单击鼠标左键，也会打开相应的 URL 地址所指向的 merglobe.gif 和 venglobe.gif 这两幅图片。其显示效果如图 2-15 所示。

图 2-15　图像映射实例目标图

2.7.3　音频和视频

在网页中适当地插入音频和视频，可以让一个网页呈现出丰富多彩的显示效果，以吸引更多的用户来访问网站。

使用 HTML5 的<audio>和<video>标签，不需要第三方插件就能播放音频和视频，且用统一的 API 接口控制，可以很方便地把所需的音频和视频插入到网页当中。

音频与视频

1. 音频标签<audio>

<audio>标签用于定义网页中的声音，如音乐、音频流等。<audio>标签支持 MP3、Wav和 Ogg 3 种常用的格式。该标签的基本语法格式为：

```
<audio controls autoplay >
    <source src="" type="audio/ogg"/>
    <source src="" type="audio/ogg"/>
</audio>
```

其中：

(1) autoplay 属性：若出现该属性，则音频就绪后马上自动播放；若没有该属性，音频就绪后需手动播放。

(2) controls 属性：音频控件属性。若出现该属性，则向用户显示控件(静音/播放/暂停音量)；若没有该属性，则不显示控件。

具体要播放的音频，需使用嵌套在<audio>标签中的<source>标签来定义媒体资源，可提供两个音频文件供浏览器使用，根据浏览器本身对音频文件类型或编解码器的支持进行选择。

<source>标签主要有以下几个常用的属性：

(1) src 属性：表示音频文件的 URL 地址。

(2) type 属性：表示要播放媒体资源的 MIME 类型，常用音频类型有 audio/ogg、audio/mpeg 等。

(3) loop 属性：表示音频循环播放。若没有该属性，音频播放结束后就暂停；若有该属性，音频播放结束后继续循环播放。

(4) preload 属性：当页面加载时，规定音频是否加载以及如何加载。该属性的取值为"none||auto||metadata"，分别对应不加载、自动加载和元数据。

下面这段 HTML5 代码在浏览器中的显示效果如图 2-16 所示。

```
<audio controls autoplay>
    <source src="horse.ogg" >
    <source src="horse.mp3" >
    您的浏览器不支持 audio 元素。
</audio>
```

图 2-16　<audio>标签实例

2. 视频标签<video>

<video>标签用于定义网页中的视频，如电影片段或视频流，支持 MP4、Ogg 和 Webm 等常用的视频格式。

<video>标签与<audio>标签相类似的属性有 autoplay、loop、muted、preload 等，特有的属性有：

(1) width 属性：定义视频的显示宽度。

(2) height 属性：定义视频的显示高度。

(3) poster 属性：指定在视频开始播放之前，首先显示出来的一幅图片。

下面这段 HTML5 代码在浏览器中的显示效果如图 2-17 所示。

```
<video controls preload="auto" height="200" width="300">
    <source src="movie.ogg" type="video/ogg"></source
    <source src="movie.mp4" type="video/mp4"></source>
    如果该元素不被浏览器支持，则本段文本被显示。
</video>
```

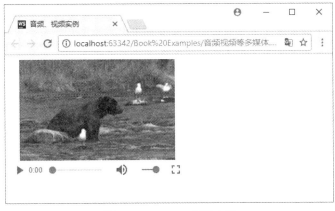

图 2-17　<video>标签实例

<video>标签的控件按钮操作很简单，若想要使用更加复杂的控件按钮，则需结合后面要学习的 JavaScript 来实现。

2.7.4　插入 Flash 文件

插入 Flash 文件

<audio>、<video>是 HTML5 新增的用于音频和视频的标签，有效地代替了部分 Flash 的功能。若要在网页文件中插入一个 Flash 文件，可使用<embed>标签来实现，其基本语法格式为：

```
<embed src="./flash/movie.swf "/>
```

也可通过 width、height 等属性来指定该 Flash 播放时的宽度和高度。

因为 Flash 本身存在许多安全漏洞，黑客利用这些漏洞来攻击用户的计算机系统，且 Flash 的性能和用户体验也不好，Chrome 等浏览器已经不支持 Flash。HTML5 作为开发标准，以其优越的性能、兼容性和便利性，已经逐渐把 Flash 替代。

2.8　表　单

在使用浏览器访问网站时，都会遇到在线注册、登录等相关的网页，如我们经常使用的百度搜索引擎，就有一个输入要检索信息的输入框。要设计出这种类型的网页需要用到 HTML5 中表单的相关标签，再与后面要学习的 JavaScript 相结合，就可以设计出含有内容自动补齐、输入格式检查等动态效果的网页。

表单是动态网页的重要组成部分，是用户与网站之间进行交互的接口，用于收集用户信息或向用户展示所查询的信息。表单标签是 HTML5 中较为复杂的内容，利用表单标签可以在网页中设计出文本框、单选按钮、复选按钮、下拉列表框等表单元素，实现丰富友好的用户界面。

2.8.1　表单标签<form>

表单标签<form>

<form>标签用于定义一个表单，其他的表单元素都在<form></form>标签之间。<form>表单的基本语法格式为：

```
<form name="" action="" method="" enctype="">
    <input type="text"/>
    <input type="checkbox" value="football"/>足球
    <input type="submit" value="提交"/>
</form>
```

其中：

(1) 一个表单中的文本框、按钮等其他表单元素都要放在<form>和</form>标签之间。

(2) name 属性：用于设置表单的名称，使用 JavaScript 代码对表单元素进行控制时，可通过该属性设定的值找到指定的表单。

(3) action 属性：设定表单提交时，<form>和</form>标签之间表单元素的数据信息提交到的 URL 地址。例如指定一个在网站服务器端的应用程序,对提交的表单数据进行处理。

(4) method 属性:该属性取值为"post|get",用于设定表单中的数据如何打包发送给 action 所指定的 URL 地址。

(5) enctype 属性:设定表单中的数据使用何种编码方式进行编码。

上面这段<form></form>之间的 HTML5 代码在浏览器中的显示效果如图 2-18 所示。

图 2-18　简单的<form>表单实例

2.8.2　信息输入标签<input>

表单的作用通常是收集访问网页用户的相关信息,或向用户显示所查询的信息。很多信息的输入或输出都要用到<input>标签,这个标签也是所有表单元素中最复杂的一个。<input>标签是个单标签,其基本语法格式为:

信息输入标签<input>

```
<input type="" name="" id="" value=""/>
```

其中:

(1) type 属性:用于设定该标签的类型,其取值为"text | password | radio | checkbox | file",分别表示文本框、密码框、单选框、复选框和文件选择框等表单元素。

(2) id 属性:用于给该标签设定一个 id 值,通过 id 值找到该对象,以对其进行样式设置或者使用 JavaScript 来操作该对象。

(3) value 属性:用于规定输入表单元素的初始值。

(4) name 属性:用于给表单元素定义一个名字。该属性通常用于与服务器端的应用获取客户端表单所输入的数据。

1. 文本框

将<input>标签的 type 属性设置为"text",可实现一个单行的文本框。在该文本框中可以输入、编辑任意类型的数据,但只能单行显示。例如:

```
<input type="text" maxlength="15"/>
```

上面这段代码在浏览器中的显示效果如图 2-19 所示。

图 2-19　单行文本框显示效果实例

2. 密码框

将<input>标签的 type 属性设置为"password"，可实现一个单行的密码输入框。密码输入框无法看到所输入的信息，其他的功能和文本框类似。例如：

```
<input type="password"/>
```

上面这段代码在浏览器中的显示效果如图 2-20 所示。

●●●●●●●

图 2-20　单行密码框显示效果实例

3. 提交按钮

在设计表单时，通常需要有一个按钮，当用户单击这个按钮时，会把表单中填写的相关表单元素数据提交给网站的后台应用进行处理。

将<input>标签的 type 属性设置为"submit"，即可设计一个默认的提交按钮。

下面这段代码在浏览器中会显示一个有"提交"字样的按钮 提交 ：

```
<input type="submit" value="提交"/>
```

4. 重置按钮

将<input>标签的 type 属性设置为"reset"，即可得到一个重置按钮。重置按钮可以将一个表单中所有表单元素的值恢复成默认状态。

下面这段代码在浏览器中会显示一个有"重置"字样的按钮 重置 ：

```
<input type="reset" value="重置"/>
```

5. 单选按钮

将<input>标签的 type 属性设置为"radio"，即可得到一个单选按钮。单选按钮是指在一组选项中只能选择一项。要实现这种效果，同一组单选按钮 name 属性的值必须相同。例如下面这段代码中，两个单选按钮的 name 属性都设置为"sex"，在浏览器中的显示效果如图 2-21 所示。

性别：

```
<input type="radio" name="sex" value="male"/>男
<input type="radio" name="sex" value="female"/>女
```

性别：　○男　◉女

图 2-21　单选按钮显示效果实例

当单击"男"按钮时，"女"按钮前面的选中标签会自动取消。

注意：单选按钮有一个 checked 属性，当该属性的值被设置为"checked"时，对应的单选按钮会被设置为选中状态。

6. 复选框

将<input>标签的 type 属性设置为"checkbox"，即可得到一个复选按钮。复选按钮通常用于有多种选项的情况。例如下面这段代码在浏览器中的显示效果如图 2-22 所示。

你喜爱的体育活动：

```
<input type="checkbox" name="basketball" value="篮球"/>篮球
<input type="checkbox" name="football" value="足球"/>足球
```

```
<input type="checkbox" name="volleyball" value="排球"/>排球
```

你喜爱的体育活动：　☑篮球　☐足球　☑排球

图 2-22　复选按钮显示效果实例

单击多个复选框，相应复选框前面的选中标签会做出相应改变。

复选框也有一个 checked 属性，当该属性的值被设置为"checked"时，对应的复选按钮会被设置为选中状态。

7. 隐藏输入框

将<input>标签的 type 属性设置为"hidden"，可在表单中插入一个隐藏的输入框。这个输入框对浏览网页的用户不可见，但这个输入框中的内容会随着表单其他信息一起提交到服务器端。这种类型的输入框通常用于设置一些客户端和服务器端的交互信息。

8. 文件选择框

将<input>标签的 type 属性设置为"file"，可得到一个文件选择框，在浏览器中会显示一个"浏览"按钮，用于选择要提交到服务器端的文件，同时显示所选文件名的文本输入框。在浏览器中的显示效果如图 2-23 所示。

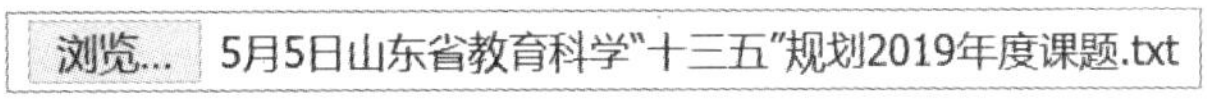

浏览...　5月5日山东省教育科学"十三五"规划2019年度课题.txt

图 2-23　文件选择框显示效果案例

2.8.3　HTML5 新增的表单输入类型

1. email 类型

email 类型的 input 元素是一种用来输入邮箱地址的文本框。在该文本框中输入的内容必须符合邮件地址格式，否则表单将无法提交。例如下面这段代码就定义了一个输入邮箱地址的文本框：

HTML5 新增的
表单输入类型

```
<input type="email" name="emailaddress"
    placeholder="请输入邮箱地址"/>
```

其中，placeholder 属性用于定义文本框的提示信息。若在文本框中输入的内容不符合邮箱地址格式，则提交表单时，会显示如图 2-24 的提示信息，提示用户输入信息有格式错误。

图 2-24　邮箱地址文本框提示信息显示效果实例

2. url 类型

将<input>标签的 type 属性设置为"url"，该文本框所输入的内容必须符合 url 地址格式，否则表单将无法提交。例如下面这段代码定义了一个 url 类型的输入框：

<input type="url" name-"urladdress"/>

当在该文本框中所输入的内容不符合 url 地址格式时，会显示如图 2-25 所示的提示信息。

图 2-25　不符合 url 地址格式的文本框提示信息

3. number 类型

将<input>标签的 type 属性设置为"number"，可得到一个包含数值的输入框，然后使用 min 和 max 属性来限制输入的数据范围。例如下面这段代码定义了一个数值输入框，输入数值的范围为 1～10：

<input type="number" min="1" max="10"/>

当输入的数值超过了规定的范围时，会显示如图 2-26 的提示信息。

图 2-26　数值输入框提示信息实例

4．range 类型

range 类型的 input 元素用于定义滑动条方式显示的数值输入域。除了使用 min 和 max 属性来定义数据输入范围外，还可通过 step 属性来定义鼠标每次拖动的数值变化幅度。例如下面这段代码定义了一个数据范围为 1～10 的数值输入域，每次拖动鼠标步幅变化幅度为 2：

```
<input type="range" min="1" max="10" step="2"/>
```

在浏览器中，该段代码的显示效果如图 2-27 所示。

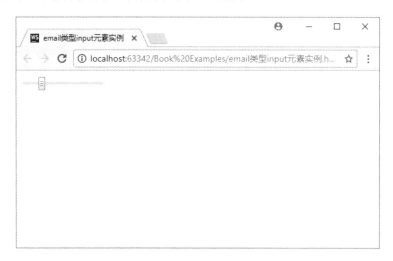

图 2-27　数值输入域显示效果实例

5．date 类型和 time 类型

date 类型的 input 元素可定义一个供用户选择年、月、日信息的日期信息输入框。例如输入下面一行简单的 HTML 5 的代码就可得到如图 2-28 所示的复杂的日期信息输入框。

```
<input type="date"/>
```

图 2-28　日期信息输入框显示效果实例

time 类型的 input 元素，可定义一个供用户选择时、分信息的时间信息输入框。例如下面这段代码在浏览器中的显示效果如图 2-29 所示。

```
<input type="time"/>
```

图 2-29 时间信息输入框

2.8.4 页面交互元素

对于 Web 应用程序而言，最重要的特性就是与用户的交互，HTML5 新增了页面交互元素，用于提升用户访问 Web 应用的交互体验。

1．<details>和<summary>标签

<details>标签用于描述页面的细节，<summary>标签通常作为<details>标签的第一个元素与<details>标签配合使用，用来为<details>标签定义标题。当用户单击标题时，会显示或者隐藏<details>标签中的其他内容。例如下面这段代码，当单击"详细内容"选项时，会显示出隐藏的详细内容，如图 2-30 所示。

```
<details>
    <summary>详细内容</summary>
    <ol>
        <li>第一章</li>
        <li>第一章</li>
    </ol>
</details>
```

图 2-30 <details>和<summary>标签使用效果

2．<progress>标签

<progress>标签用于表示某个任务的完成进度，其语法格式为：

```
<progress value="任务已经完成的工作量" max="任务的总工作量"> </progress>
```

注意：value 和 max 属性的值必须大于 0，且 value 属性的值要小于或等于 max 属性的值。

例如，下面这段代码在浏览器中的显示效果如图 2-31 所示。

```
<h1>学习 Web 前端应用技术的进度</h1>
<progress value="30" max="100"></progress>
```

图 2-31　<progress>标签显示效果

3．<meter>标签

<meter>标签用于表示指定范围内的数值，如显示网盘容量或学生成绩列表等。<meter>标签可使用的属性如表 2-2 所示。

表 2-2　<meter>标签属性

属性	值	描　　述
high	number	定义度量的值位于哪个点，被界定为高的值
low	number	定义度量的值位于哪个点，被界定为低的值
max	number	定义最大值。默认值是 1
min	number	定义最小值。默认值是 0
optimum	number	定义什么样的度量值是最佳的值 如果该值高于"high"属性，则意味着值越高越好 如果该值低于"low"属性的值，则意味着值越低越好
value	number	定义度量的值

例如下面这段代码，使用<meter>标签把学生成绩用不同的颜色进行区分显示，在浏览器中的显示效果如图 2-32 所示。

<h2>学生成绩一览表</h2>

张一明：<meter value="65" min="0" max="100" low="60" high="80"></meter>

张二明：<meter value="85" min="0" max="100" low="60" high="80"></meter>

张三明：<meter value="75" min="0" max="100" low="60" high="80"></meter>

图 2-32　<meter>标签显示效果

2.8.5　下拉列表标签<select>

1. 普通的下拉列表

<select>标签用于设计实现下拉列表，其中每个表项使用<option>标签来定义。其基本语法格式为：

下拉列表标签<select>

```
<select name="" size="" multiple="">
    <option value="v1">菜单选项一</option>
    <option value="v2">菜单选项二</option>
    <option value="v3">菜单选项三</option>
    <option value="v4">菜单选项四</option>
    <option value="v5">菜单选项五</option>
</select>
```

下拉列表的默认显示效果如图 2-33 所示。

(1) size 属性：取值为数值，用于设定下拉菜单中可见的菜单项。例如将上面这段代码中<select>标签的 size 属性值设置为 2，显示效果就变成如图 2-34 所示的样子了。

(2) multiple 属性：若被设定为"multiple"，则表示该下拉菜单可同时选中多个菜单项。

注意：要选中多个菜单项，需长按键盘上的 "Ctrl"键，再单击相应的菜单项。

(3) value 属性：用于向网站服务器端传递具体被选中的菜单项对应的值。

图 2-33　下拉列表显示效果实例　　　图 2-34　size 值为 2 的菜单项

2. 分组显示的下拉列表

设计下拉列表时，有时需要把下拉列表的选项进行分组显示。例如我们要得到如图 2-35 所示的分组显示的下拉列表显示效果，就要用到<optgroup></optgroup>标签。

通过 optgroup 标签的 label 属性可设置分组选项上方的提示信息。实现图 2-35 中分组显示下拉列表显示效果的 HTML5 代码如下：

```
<!DOCTYPE html>
<html lang="en">
<head>
    <meta charset="UTF-8">
    <title>分组显示的下拉菜单案例</title>
</head>
<body>
    <form>
```

图 2-35　分组显示的下拉列表
显示效果实例

```
        城区：<br/>
        <select>
            <optgroup label="北京">
                <option>东城</option>
                <option>西城</option>
                <option>朝阳</option>
                <option>海淀</option>
            </optgroup>
            <optgroup label="上海">
                <option>浦东</option>
                <option>徐汇</option>
                <option>张江</option>
                <option>虹口</option>
            </optgroup>
        </select>
    </form>
</body>
</html>
```

2.8.6　多行文本输入标签<textarea>

在收集用户相关信息或反馈意见的网页中，如果用户需要输入的信息较多，此时单行文本框就不能满足用户需求，就需使用<textarea>标签来设计一个多行文本输入框。<textarea>标签的基本语法格式为：

多行文本输入标签<textarea>

```
<textarea name="" rows="" cols="" wrap="">
    初始化文字信息
</textarea>
```

其中：

(1) rows 属性：定义多行文本区内最大可见行数。

(2) cols 属性：定义多行文本区的最大宽度。

(3) wrap 属性：用于设定多行文本区域中文字的换行效果，取值为"wrap | virtual | physical | off"，这几种取值方式会影响到多行文本表单元素传递给服务器端的文字换行效果。

例如下面这段 HTML5 代码定义了一个 5 行 20 列的多行文本输入框，在该文本框中输入文字时，超出列宽会自动换行。

```
<textarea rows="5" cols="20" wrap="virtual">
    初始化文字
</textarea>
```

上面这段代码在浏览器中的显示效果如图 2-36 所示。

```
初始化文字
```

图 2-36　多行文本输入框显示效果实例

2.8.7　域和域标题

当表单中的内容较多需要将不同的内容分组显示时，可使用 <fieldset>标签将表单内容打包在一组成为单独显示的域，然后使用 <legend>标签来定义域标题。这两个标签的基本语法格式为：

域和域标题

```
<fieldset>
    <legend align="left|center|right">域标题</legend>
</fieldset>
```

<fieldset>标签没有属性，<legend>标签必须放在<field>标签中，<legend>标签的 align 属性用于设置域标题的对齐方式。下面这段 HTML5 代码在浏览器中显示的效果如图 2-37 所示。

```
<form>
    <fieldset>
        <legend>个人基本信息</legend>
        姓名：<input type="text" name="username"/>
        联系方式：<input type="text" name="username"/>
    </fieldset>
</form>
```

```
┌─个人基本信息─────────────────────┐
│ 姓名：[                    ] 联系方式：[           ] │
└─────────────────────────────────┘
```

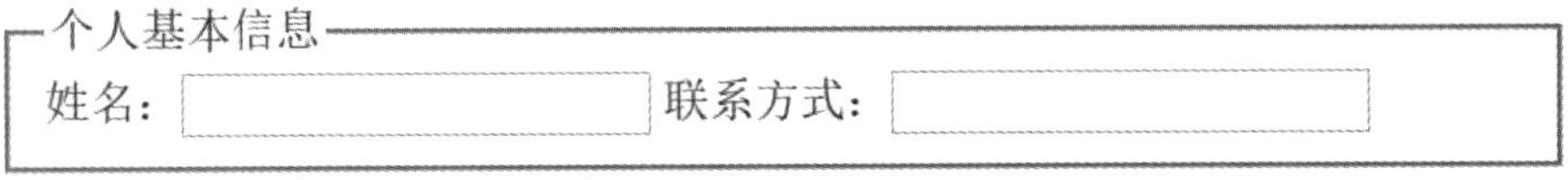

图 2-37　域标题显示效果实例

2.9　表　　格

在网页设计中，表格发挥着重要的作用，在层叠样式表(CSS)出现之前，要设计一个简洁、排版规则的网页，通常通过使用表格来实现。除了使用表格进行网页布局之外，还可以使用表格标签按照行、列等比较规则的方式来显示表格化的数据。

2.9.1　表格标签<table>

表格标签

在 HTML5 中，表格主要由<table>、<tr>和<td>这 3 个标签来定义。其中<table>标签定义表格的整体，表格中的每一行由<tr>标签来定义，每行又被分割成若干个单元格，每个单元格由<td>标签来定义。单元格中可包含文本、图片、列表、段落、表单、超链接和多媒体等其他的 HTML5 元素。

一个基本表格的语法格式为：

```
<table border="1">
    <tr>
        <td>第 1 行第 1 列</td>
        <td>第 1 行第 2 列</td>
    </tr>
    <tr>
        <td>第 2 行第 1 列</td>
        <td>第 2 行第 2 列</td>
    </tr>
    <tr>
        <td>第 3 行第 1 列</td>
        <td>第 3 行第 2 列</td>
    </tr>
</table>
```

上面这段表格相关的 HTML5 代码在浏览器中的显示效果如图 2-38 所示。

图 2-38　简单的表格实例

<table>标签的属性比较复杂，常用的属性主要有以下几个：

(1) border 属性：以像素为单位定义表格边框宽度。例如：

```
<table border="1"></table>
```

该段代码定义了一个边框宽度为 1 px 的表格，显示效果如图 2-39 所示。

(2) bgcolor 属性：定义表格的背景颜色。例如：

```
<table border="1" bgcolor="#00ffff"></table>
```

该段代码定义了一个边框宽度为 1 px、背景色为青色的表格，显示效果如图 2-39 所示。

图 2-39　边框宽度为 1px、背景色为青色的表格实例

(3) background 属性：定义表格的背景图像。

(4) align 属性：定义表格的对齐方式，取值为"left|center|right"，分别表示左对齐、居中和右对齐。例如：

```
<table border="1" align="center"></table>
```

该段代码定义了一个边框宽度为 1 px、在网页中居中显示的表格，如图 2-40 所示。

图 2-40　边框宽度为 1 px、居中显示的表格实例

(5) height 属性：以像素为单位定义表格的高度。

(6) width 属性：以像素为单位定义表格的宽度。例如：

```
<table border="1"  width="300" height="200"></table>
```

该段代码定义了一个边框宽度为 1 px、宽度为 300 px、高度为 200 px 的表格，这个表格每个单元格的宽度和高度明显变大。

(7) cellpadding 属性：以像素为单位定义单元格边缘与单元格内容之间的空白大小。

(8) cellspacing 属性：以像素为单位定义单元格之间的空白大小。例如：

```
<table border="1" cellpadding="20px" cellspacing="30px"></table>
```

该段代码定义了一个单元格之间宽度为 30 px、单元格内容和单元格边框之间距离(填充)为 20 px 的表格，显示效果如图 2-41 所示。

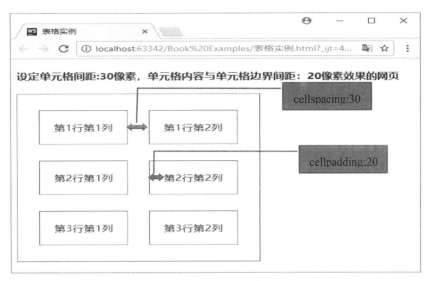

图 2-41　表格填充实例

(9) rules 属性：定义表格内部边框的显示方式，取值为"none|rows|cols|all"，分别表示不显示边框、只显示行边框、只显示列边框、显示行列边框。

将 rules 属性设置为"all"和未设置 rules 属性的表格，在显示效果上差别较大。如图 2-42 所示。

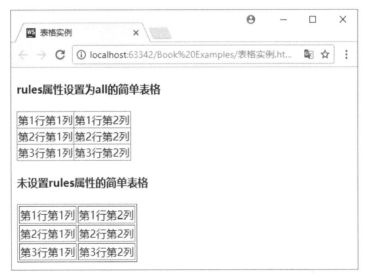

图 2-42　rules 属性显示效果实例

2.9.2　行标签<tr>

<tr>标签嵌套在<table>标签之中，每一对<tr></tr>标签会定义表格的一行。<tr>标签常用的属性有：

行标签<tr>

(1) align 属性：设置行内容的水平对齐方式，取值为"left|center|right"，分别表示当前行的水平对齐方式为左对齐、居中和右对齐，默认为左对齐。

(2) valign 属性：设置行内容的垂直对齐方式，取值为"top|middle|bottom"，分别表示当前行的垂直对齐方式为靠上对齐、居中和靠下对齐，默认为垂直居中。

(3) bgcolor 属性：设置当前行的背景颜色。

例如要把表格某一行的内容放在该行的居中位置，则需把该行的 align 属性设置为"center"，valign 属性设置为"middle"。

```html
<table border="1" width="400" height="200">
    <tr valign="top" align="center">
        <td>第 1 行第 1 列</td>
        <td>第 1 行第 2 列</td>
    </tr>
    <tr valign="middle" align="left">
        <td>第 2 行第 1 列</td>
        <td>第 2 行第 2 列</td>
    </tr>
    <tr valign="bottom" align="right">
        <td>第 3 行第 1 列</td>
        <td>第 3 行第 2 列</td>
    </tr>
    <tr valign="middle" align="center">
        <td>第 4 行第 1 列</td>
        <td>第 4 行第 2 列</td>
    </tr>
</table>
```

上面这段代码中，第 1 行的水平对齐方式为居中，垂直对齐方式为靠上对齐。第 2 行的水平对齐方式为靠左，垂直对齐方式为居中。第 3 行的水平对齐方式为靠右，垂直对齐方式为靠下对齐。第 4 行的水平对齐方式为居中，垂直对齐方式也为居中。其具体显示效果如图 2-43 所示。

图 2-43　表格行的对齐方式实例

2.9.3　单元格标签<td>

<td>标签嵌套在<tr>标签中定义单元格，每一对<td></td>标签都会定义一个单元格。

<td>标签也有 align、valign、bgcolor、width、height 等属性，这些属性的含义和作用与<table>标签、<tr>标签的相应属性相同，在此不再赘述。

单元格标签<td>

<td>标签有两个比较特殊的属性<rowspan>和<colspan>，分别用于实现单元格的跨行和跨列效果。

(1) rowspan 属性：设置单元格跨越的行数。

(2) colspan 属性：设置单元格跨越的列数。

下面这段 HTML5 代码，使用<table>、<tr>和<td>这 3 个标签实现了一个简单的课程表，其中"时间"这个单元格的 colspan 属性设置为"2"，跨两列；"上午"这个单元格的 rowspan 属性设置为"2"，跨两行。

```
<table border="1" rules="all" width="400">
    <caption>信息学院课程表</caption>
    <tr align="center">
        <td colspan="2">时间</td>
        <td>课程</td>
        <td>任课教师</td>
        <td>上课地点</td>
    </tr>
    <tr>
        <td rowspan="2">上午</td>
        <td>8:00-9:30</td>
        <td>C 语言程序设计</td>
        <td>孟宪宁</td>
        <td>2-105</td>
    </tr>
    <tr>
        <td>10:00-11:30</td>
        <td>Web 前端设计</td>
        <td>孟宪宁</td>
        <td>2-306</td>
    </tr>
</table>
```

在浏览器中显示效果如图 2-44 所示。

图 2-44　跨行、跨列效果实现的表格实例

2.10　框　　架

框架是一种页面布局技术，可将浏览器窗口分割成不同区域，在不同的区域中显示不同的 HTML5 文件。但定义框架的<frameset>标签在不同的浏览器之间兼容性不好，所以在网页布局设计中，使用框架技术的网站越来越少，大多数通过使用 DIV 和样式表相结合的方式来设计兼容性和灵活性兼备的网页布局。

2.10.1　框架集标签<frameset>

框架集标签<frameset>

框架集是指在一个网页文件中定义包括框架个数、框架尺寸及框架中要载入的网页文件等内容的框架结构信息。其基本的语法格式为：

```
<frameset>
    <frame src="url 地址 1"/>
    <frame src="url 地址 2"/>
</frameset>
```

<frameset>标签的属性主要有以下几个：

(1) frameborder 属性：定义框架集是否显示边框，取值为"0|1"，"0"表示不显示框架边框，"1"表示显示框架边框。

(2) framespacing 属性：定义框架之间边框的宽度。

(3) bordercolor 属性：定义边框的颜色。

(4) rows 属性：定义框架水平分割的方式，可采用百分比或指定的像素。

(5) cols 属性：定义框架垂直分割的方式，可采用百分比或指定的像素。

(6) border 属性：以像素为单位定义框架边框的宽度。

例如下面的这段 HTML5 代码，定义了一个将窗口垂直分割成左、右两部分的框架集，其中左边框架占窗口宽度的 70%，显示百度网站首页；右边框架占据剩下的窗口空间，显示搜狐网站首页。

```
<!DOCTYPE html>
<html>
<frameset cols="70%,*">
```

```
        <frame src="https://www.baidu.com" name="baiduFrame">
        <frame src="https://www.sohu.com" name="sohuFrame">
    </frameset>
    <noframes>
        <body>
            <p>您的浏览器不支持框架。</p>
        </body>
    </noframes>
</html>
```

其在浏览器中的显示效果如图 2-45 所示。

图 2-45　左右框架集显示效果实例

2.10.2　框架定义标签<frame>

<frame>定义的框架只能作为框架集的子元素出现，不能单独出现在其他的 HTML5 标签中。框架集的常用属性是 name，用于定义一个框架的名称，使用该属性，可将框架名称作为超链接的跳转目标，即将<a>标签的 target 属性设置为框架的 name 属性值。单击该超链接，就会在制定名称的框架中打开该超链接。例如下面这段代码定义了一个上下结构的框架集：

```
<frameset rows="35%,*" frameborder="1">
    <frame src="left.html"/>
    <frame name="rightframe"/>
</frameset>
```

在浏览器中会显示一个上下结构的框架集，上面的框架显示的是 left.html 这个网页文件的内容；下面的<frame>标签的 name 属性定义为"rightframe"，因为没有定义其 src 属性，所以显示的内容是空白的，如图 2-46 所示。

left.html 这个网页的源代码如下：

```
<!DOCTYPE html>
<html lang="en">
```

```
<head>
    <meta charset="UTF-8">
    <title>左框架</title>
</head><body>
<a href="http://www.163.com" target="rightframe">网易</a>
<a href="http://www.sohu.com" target="rightframe">搜狐</a>
<a href="http://www.sina.com" target="rightframe">新浪</a>
</body>
</html>
```

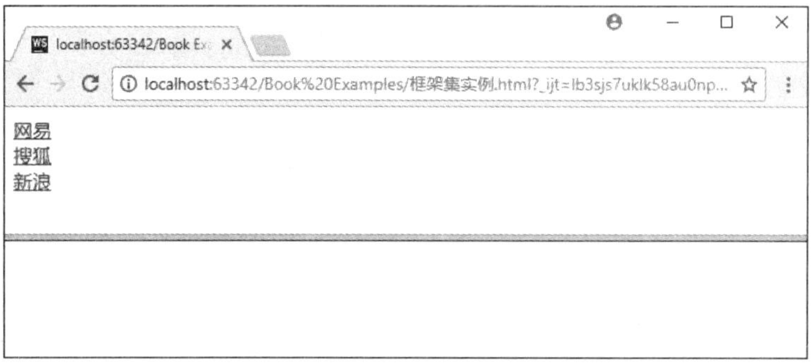

图 2-46　上下框架集显示效果实例

　　这段 HTML5 代码中的<a>标签的 target 属性设定为框架集，所定义的框架的名称为"rightframe"，当单击超链接时，就会在名称为 rightframe 的框架中打开相关的超链接，例如单击"搜狐"这个超链接时，就会在下面的框架中显示出搜狐网站首页内容，如图 2-47所示。

图 2-47　框架集与超链接的显示效果实例

2.10.3　浮动框架标签<iframe>

　　<iframe>标签用于在浏览器窗口中定义一个浮动的窗口，以显示独立于当前网页的内容。该标签的主要属性有：

浮动框架标签

（1）src 属性：定义浮动框架窗口所显示的 URL 资源地址。

（2）name 属性：定义浮动框架的名称。如果<a>标签的 target 属性设定为该属性的值，则<a>标签定义的超链接被单击时，会在该浮动框架中打开超链接所指定的内容。

（3）width 属性：定义浮动框架的宽度。

（4）height 属性：定义浮动框架的高度。

（5）scrolling 属性：定义浮动框架滚动条出现的方式。

下面这段 HTML5 代码定义了两个浮动框架，分别显示了搜狐网站和新浪网站的首页内容，第一个浮动框架的 name 属性定义为"leftframe"。

```
<!DOCTYPE html>
<html lang="en">
<head>
    <meta charset="UTF-8">
    <title>浮动框架实例</title>
</head>
<body>
<h4>左右各一个浮动框，分别显示不同的网页内容</h4>
<iframe name="leftframe" src="http://www.sohu.com" width="400" height="200"></iframe>
<iframe name="rightframe" src="http://www.sina.com" width="400" height="200"></iframe>
<br/>
<a href="http://www.qq.com" target="leftframe">腾讯</a>
</body>
</html>
```

上面这段 HTML5 代码中定义了一个指向网易网站首页的超链接，其 target 属性为"leftframe"，当单击该超链接时，就会在 name 属性为"leftframe"的浮动框架中显示该超链接的内容。这段代码的初始显示效果如图 2-48 所示。

图 2-48　活动框架代码的初始显示效果

当单击"腾讯"这个超链接时，就会在左边的这个浮动框架中显示出腾讯网站首页的内容，显示效果如图 2-49 所示。

图 2-49   浮动框显示效果实例

2.11   HTML5 的结构元素

在开发和设计网页时，经常会遇到包含头部、侧边栏和底部这样的布局，如图 2-50 所示。

图 2-50   网页布局

HTML5 的结构元素

使用 DIV+CSS3 的方式设计该网页的布局，网页的代码如下：

```
<!DOCTYPE html>
<html lang="en">
<head>
```

```
        <meta charset="UTF-8">
        <title>Title</title>
    </head>
    <body>
        <div class="header"></div>              <!-- 网页头部 header -->
        <div class="nav"></div>                 <!-- 网页导航 nav -->
        <div class="main">                      <!-- 网页主体 main -->
            <div class="article">               <!-- 网页中的文章 -->
                <div class="section"></div>     <!-- 文章中的节 section -->
            </div>
            <div class="sidebar"></div>         <!-- 文章的侧边栏 sidebar -->
        </div>
        <div class="footer"></div>              <!-- 网页页脚 footer -->
    </body>
</html>
```

上面这段 HTML5 代码中，使用<div>标签来划分不同的网页区域，通过 class 属性对不同区域进行了命名，但是这些 class 属性的取值是随意的，往往没有语义，搜索引擎不能识别这些随意定义的内容。

为了使 HTML 文档结构更加清晰，提高搜索引擎对网页内容的搜索效果，HTML5 新增了<header>、<nav>、<section>、<article>、<aside>、<footer>等标签，用于定义页眉、页脚、内容区块等与文档结构相关的结构元素，这些元素的语义更加明确。在一个网页中，这些新的语义标签元素位置如图 2-51 所示。

图 2-51　语义标签元素位置

采用 HTML5 提供的新元素重新实现上面的布局，代码如下：

```
<!DOCTYPE html>
<html lang="en">
<head>
    <meta charset="UTF-8">
    <title>Title</title>
</head>
<body>
    <header></header>
    <nav></nav>
    <div>
        <article>
            <section></section>
        </article>
```

```
            <aside></aside>
        </div>
        <footer></footer>
    </body>
    </html>
```

和前面使用<div>实现网页布局的方法相比较，采用 HTML5 新的语义元素后，搜索引擎通过 HTML5 标签就能知道文档内容的结构。

(1) <header>标签：定义文档的页眉，具有引导和导航作用。通常用来存放文档内容的介绍和展示信息、一个页面或内容区块的标题或网站的 Logo 图片等。例如：

```
    <header>
        <h1>网页主题</h1>
        ...
    </header>
```

(2) <nav>标签：定义导航链接的部分。该标签用于将具有导航性质的链接归纳在一个区域中，使得页面元素的语义更加明确。例如：

```
    <nav>
        <ul>
            <li>首页</li>
            <li>学校概况</li>
            <li>院系</li>
        </ul>
    </nav>
```

(3) <section>标签：定义文档中的节(section、区段)，如章节、页眉、页脚或文档中的其他部分，用于对页面上的内容进行分块。<section>通常包含了一组内容及其标题。例如：

```
    <section>
        <h2>评论</h2>
        <article>
            <h3>评论员 A</h3>
            <p>评论员点评内容</p>
        </article>
    </section>
```

(4) <article>标签：定义独立的内容，通常用于与上下文不相干的独立部分，如论坛帖子、报纸文章、博客条目及用户评论等。例如：

```
    <article>
        <header>
            <h2>第二章</h2>
        </header>
    </article>
```

(5) <aside>标签：定义页面主区域内容之外的内容，可包含与当前页面或主要内容相关的引用、侧边栏、导航条等有别于主要内容的部分。例如：

　　　　<article>

　　　　　　<section>文章主要内容</section>

　　　　　　<aside>其他相关文章</aside>

　　　　</article>

　　(6) <figure>标签：规定独立的流内容，如图像、图表、照片、代码等。<figure>标签中的内容应该与主内容相关，但如果被删除，则不对文档流产生影响。

　　(7) <figcaption>标签：定义 <figure> 标签的标题。例如：

　　　　<figure>

　　　　　　<figcaption>阳光明媚的一天</figcaption>

　　　　　　<p>春日的阳光下，晒晒太阳是很舒心的</p>

　　　　</figure>

　　(8) <footer>标签：定义文档或节的页脚。页脚通常包含文档的作者、版权信息、使用条款链接、联系信息等。

　　HTML5 还提供了很多丰富的语义化标签，如<addresss>、<mark>、<time>等。

练 习 与 实 践

一、选择题

1. (　　)标签用于设置网页标题，其内容不显示在网页中。

A. <caption>　　　　B. <HTML>　　　　　　C. <head>　　　　　　D. <title>

2. HTML 文件中，正确的注释格式是(　　)。

A. <!-- 注释 -->　　　　　　　　　　B. /* 注释 */

C. <!comment>　　　　　　　　　　 D. <-- 注释 />

3. 不属于<meat>标签属性的是(　　)。

A. name　　　　　B. content　　　　　C. color　　　　　　D. http-equiv

4. HTML 中<hr>标签的作用是(　　)。

A. 插入一条水平分割线　　　　　　　B. 换行

C. 加粗　　　　　　　　　　　　　　D. 插入一个空格

5. 在网页中要显示"<"这个特殊字符，应该使用(　　)。

A. >　　　　　B. <　　　　　　C. lt　　　　　　　D. &lt

6. 以下标签中，(　　)是单标签(没有结束标签)。

A. <body>　　　　B. <html>　　　　　C.
　　　　　D. <head>

7. 定义无序列表，使用的标签是(　　)。

A. <dl>　　　　　B. <ul>　　　　　　C. <dt>　　　　　D. <dd>

8. 在 HTML 中，(　　)不是<a>标签的 target 属性取值。

A. _self　　　　　B. _new　　　　　　C. _blank　　　　　D. _top

9. HTML 中，定义一个书签链接应使用的语句是(　　)。

A. <a href="#object-name"> 链接提示文字</a>

B. <a name="#object-name"> 链接提示文字</a>

C. <a target="#object-name"> 链接提示文字</a>

D. <a link="#object-name"> 链接提示文字</a>

10. <img>标签的 alt 属性的作用是(　　)。

A. 添加图像链接

B. 设置图像的对齐方式

C. 在浏览器完全读入图像时，在图像位置显示的文字

D. 在浏览器未完全读入图像，或浏览器不能显示图像时，替代显示的文字

11. (　　)标签用于在网页中创建表单。

A. <input>　　　　B. <select>　　　　C. <form>　　　　D. <group>

12. 符合下面 HTML5 代码的表单类型是(　　)。

　　<input type="text" name="textfield">

　　<input type="radio" name="radio" value="male">

　　<input type="checkbox" name="checkbox">

　　<input type="file" name="file">

A. 文本框、单选按钮、复选框、文件域

B. 文本框、复选框、文本域、单选按钮

C. 密码框、单选按钮、复选框、文本域

D. 文本框、单选按钮、下拉列表、文本域

13. HTML5 中引入的新的插入音频的标签是(　　)。

A. <img>　　　　B. <embed>　　　　C. <audio>　　　　D. <video>

14. HTML5 中引入的新的插入视频的标签是(　　)。

A. <img>　　　　B. <embed>　　　　C. <audio>　　　　D. <video>

15. 框架集中有超链接 "<a href="news.html" target="mainFrame">news</a>"，打开链接的方式是(　　)。

A. 在名字为 mainFrame 的框架中打开

B. 在框架集的上一侧框架中打开链接

C. 在整个框架页面中打开链接

D. 在本窗口中打开链接

二、填空题

1. 网页文件(HTML 文件)的开始标签是＿＿＿＿＿＿，结束标签是＿＿＿＿＿＿。

2. HTML 文档由＿＿＿＿＿和＿＿＿＿＿两部分组成。＿＿＿＿＿部分是在浏览器中可以看到的内容，而＿＿＿＿＿在浏览器中看不到，主要用来设置网页的标题、文档属性等内容。

3. <pre></pre>标签的功能是＿＿＿＿＿＿＿＿＿＿＿＿＿。

4. 有序列表的＿＿＿＿＿属性可以改变表项编号的起始值，＿＿＿＿＿属性可以设置列表项前面的项目符号类型。

5. 热区<area>标记的 shape 属性取值为"rect"，表示的热区形状为_____；shape 属性取值为"circle"，表示的热区形状为_____；shape 属性取值为"poly"，表示的热区形状为_____。

6. 网页中常用的图像格式有_____、_____和_____。

7. <form>标签的 method 属性取值可以为_____和_____。

8. 重置按钮的 type 属性值为_____，提交按钮的 type 属性值为_____，普通按钮的 type 属性值为_____。

三、简答题

1. 简述什么是相对路径和绝对路径，以及这两种描述资源方式的优缺点。

2. 说明在网页中制定一个页面书签的步骤。

3. 简要说明表格与框架在页面布局中的区别。

四、实践题

1. 设计实现如图 2-52 所示内容的表格。

信息学院软件技术课程表

上午				
第一节	Web前端设计 综合楼305			
	孟宪宁			
下午				
第二节	Web前端设计 综合楼306			
	孟宪宁			
第三节	Web前端设计 实训楼215			
	孟宪宁			

图 2-52　实践题 1

2. 设计实现如图 2-53 所示内容的表单。

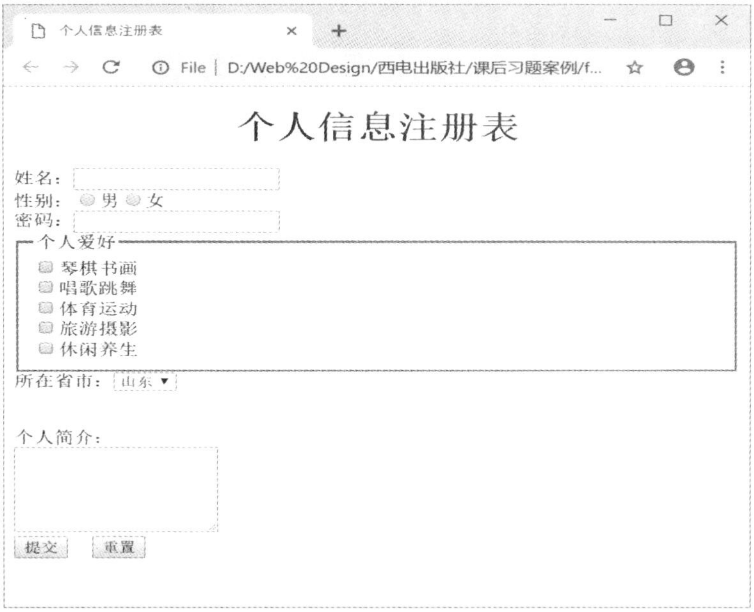

图 2-53　实践题 2

3. 根据美工提供的新加坡校友录设计图，使用 HTML5 设计并实现如图 2-54 所示的网页。

图 2-54　实践题 3

第3章　CSS3

使用 HTML5 设计的网页，其内容和表现形式的描述混合在一起，随着网页规模的扩大，网页的维护和修改就会越来越困难。

CSS(Cascading Style Sheets，层叠样式表)提供了丰富的样式，可对 HTML 元素进行精确控制。使用 CSS 可以实现网页内容和表现形式的分离，使网站的设计风格更加灵活、精细，兼容性和可维护性也得到保证。CSS 技术可以实现某些原来需要图片才能实现的效果，从而减少页面中图片的使用数量，用户在访问网站时需要下载的内容会减少，页面加载的速度就会更快。

CSS3(Cascading Style Sheets Level 3)是 CSS 的最新版本。CSS3 的制订始于 1999 年，经过多年的发展和完善，逐渐形成了包含多个模块的规范体系。2001 年 5 月 23 日，W3C 完成了 CSS3 的工作草案，并制定了 CSS3 的发展路线图，详细列出了所有模块及未来的规范计划。CSS3 引入了许多新特性、新属性和新选择器，极大地丰富了 Web 开发的可能性。CSS3 不仅提升了网页的视觉效果，还增强了用户体验和交互性。CSS3 为网页设计和开发带来了无限可能，使我们的网络世界更加丰富多彩。随着浏览器兼容性的不断提高，CSS3 已经成为现代网页设计不可或缺的技术基石。

3.1　CSS3 的规则

CSS3 的规则很简单，由选择器和声明两部分组成。其基本语法格式为：

```
选择器{
        属性名:属性值;
}
```

CSS3 的规则

选择器用于确定该 CSS3 样式要作用的网页元素对象，主要有类选择器、元素选择器、id 选择器和伪类选择器等。

CSS3 样式的具体表现形式是通过"属性名:属性值"这样的键值对来定义的。属性名和属性值之间必须用":"分隔，可以有多个属性名和属性值，但多个"属性名:属性值"之间要用";"分隔开。

例如，下面这个样式的定义能够将<p>标签中的文本大小设置为 12 px，颜色设置为红色(#ff0000)：

```
        p {
```

```
    /* 将字体大小设置为：12px，颜色设置为：红色 */
    font-size:12px;
    color:#ff0000;
  }
```

上面这段代码中的"/*"和"*/"之间的部分是 CSS3 的注释。"/*"和"*/"之间的内容会被浏览器自动忽略掉。

3.2　引用 CSS3 样式的方式

在一个网页中，引用 CSS3 样式的方式主要有 3 种：行内样式、内部样式和外部样式。

3.2.1　行内样式

行内样式

行内样式是指通过 HTML5 元素的 style 属性来定义的样式，该样式只对相应元素有效。这种方式定义的样式，直接使用"属性名:属性值;"键值对的方式来定义具体样式即可，无需使用选择器。其基本的语法格式为：

```
    style="property1:value;property2:value;…"
```

例如下面这段代码：

```
    <span style="display:inline-block;height:100px;width:100px;border:1px solid red;">应用了样式的
span 标签内容</span>
    <span>普通的 span 标签内容</span>
```

其中，将<span>标签默认的显示方式修改为"inline-block(内部块模式)"，并将其设定为宽和高 100 px、边框为 1 px 的红色实线。其显示效果如图 3-1 所示。

行内样式虽然使用方便、灵活，但只对设定该 style 属性的元素有效，如上面这段代码中的样式，只对第一个<span>标签中的内容有效。这种方式定义的样式不能复用，同时还会使网页后期的维护工作量增大，在实际网页设计中要尽量避免使用。

图 3-1　行内样式实例

3.2.2　内部样式

内部样式

内部样式是在<head></head>标签之间使用<style></style>标签来定义的样式。其基本的语法格式为：

```
    <style type="text/css">
        选择器 {
            属性名:属性值;
```

```
            …
        }
    </style>
```

例如下面这段代码：

```
<!DOCTYPE html>
<html lang="en">
<head>
    <meta charset="UTF-8">
    <title>内部样式实例</title>
    <style type="text/css">
        p {
            height:48px; /*高度：48 像素 */
            line-height:48px;/*行高：48 像素*/
            font-size:12px; /*字体：12 像素 */
            border:1px solid red; /*边框：1 像素的红色实线 */
        }
    </style>
</head>
<body>
<p>第一段文字</p>
<p>第二段文字</p>
<p>第三段文字</p>
</body>
</html>
```

上面这段代码中，使用元素选择器"p"定义了一个高度为 48 px、行高为 48 px、字体大小为 12 px、段落边框为 1 px 的红色实线。其显示效果如图 3-2 所示。

图 3-2　内部样式实例

使用内部样式所定义的样式，可在当前网页中重复使用。例如上面代码使用元素选择器"p"所定义的样式，对当前网页中所有的<p></p>标签中的文字都有效。

3.2.3 外部样式

外部样式是将 CSS3 代码单独写在一个样式表文件中，样式表文件是一个普通的文本文件，这个文本文件的扩展名通常设置为".css"。

外部样式

注意：在这个单独的样式表文件中，不能再出现<style></style>标签。

在需要使用相应样式的网页文件中，使用<link>标签或者"@import"指令将样式表文件引入即可。

1. 使用<link>标签引入外部样式表

在<head>和</head>标签之间，使用<link>标签引入外部样式表，基本语法格式为：

```
<link type="text/css" rel="stylesheet" href="css 文件的 url 地址"/>
```

其中：

(1) type 属性：设置该链接文档的 MIME 类型。"text/css"表示文档类型为文本格式的样式表文件。

(2) rel 属性：设定被链接的文档类型。"stylesheet"表示这是一个样式表。

(3) href 属性：指定被链接文档的 url 地址。

例如我们先定义一个样式表文件，该文件名为 mystyle.css，文件内容如下：

```
#firsth1 {
    text-align:center;
}
```

然后在网页文件中，使用<link>标签，引入了该样式表文件，HTML5 代码如下：

```
<!DOCTYPE html>
<html lang="en">
<head>
    <meta charset="UTF-8">
    <title>外部样式表实例</title>
    <link type="text/css" rel="stylesheet" href="mystyle.css"/>
</head>
<body>
<h1 id="firsth1">第一个 h1 标签内容</h1>
<h1>第二个 h1 标签内容</h1>
</body>
</html>
```

样式表文件和网页文件综合在一起，在浏览器中的显示效果如图 3-3 所示。

在 mystyle.css 这个样式表文件中，使用 id 选择器，设置了 id 属性取值为"firsth1"的网页元素对齐方式为居中(text-align:center;)，所以只有第一个<h1>标签之间的内容居中显示，第二个<h1>标签中的内容就采用了默认的显示方式。

图 3-3　外部样式表实例

2. 使用@import 指令引入外部样式表

将@import 指令嵌入在\<style>\</style>标签之间来引入外部样式表，基本语法格式为：

> \<style>
>
> @import url("外部 CSS 文件的 url 地址");
>
> \</style>

使用@import 指令引入外部样式表，与使用\<link>标签引入外部样式表的主要区别在于外部样式表的加载顺序。

\<link>标签通常要放在\<head>\</head>标签之间，在网页主体文件加载之前，先加载指定的 CSS3 文件，这样显示出来的网页一开始就是带样式的。而@import 指令是在整个网页加载结束后再加载制定的 CSS3 文件，这样会导致浏览器先显示一个无样式的网页，然后等 CSS3 样式文件加载结束后，再出现带样式的网页。

3.3　CSS3 选择器

要将 CSS3 作用于某个 HTML5 元素，首先要找到该元素。在 CSS3 中，通过使用不同的选择器来实现将 CSS3 作用于指定的 HTML5 元素。CSS3 中的常用选择器有标签选择器、id 选择器、类选择器、属性选择器、后代选择器、子元素选择器、普通兄弟选择器、相邻兄弟选择器、结构性伪类选择器、伪类选择器、通配符选择器和并集选择器等。

3.3.1　标签选择器

标签选择器是指用 HTML5 标签名作为选择器，这种选择器通常用于对网页中某一类标签指定统一的样式，基本语法格式为：

> 标签名 {属性名 1:属性值 1; 属性名 2:属性值 2; …}

例如使用 p 选择器，将网页中所有\<p>标签的内容设定为同一样式。下面这段代码在浏

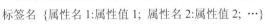
标签选择器

览器中的显示效果如图 3-4 所示。

```
<!DOCTYPE html>
<html lang="en">
<head>
    <meta charset="UTF-8">
    <title>标签选择器实例</title>
    <style type="text/css">
        p {
            font-size:12px;
            color:#f00;
        }
    </style>
</head>
<body>
    <p>段落 1</p>
    <p>段落 2</p>
    <p>段落 3</p>
</body>
</html>
```

图 3-4　标签选择器实例

3.3.2　id 选择器

id 选择器用于选择 id 属性为特定值的 HTML5 元素，网页中 HTML5 元素的 id 属性值一般都是唯一的，所以该选择器一般用于指定某个具体 HTML5 元素的样式。id 选择器使用"#"来标识，其语法格式为：

id 选择器

　　#id 属性值 {属性名 1:属性值 1; 属性名 2:属性值 2; …}

例如下面这段代码，第一个<p>标签的 id 属性值为"p1"，第二个和第三个<p>标签的 id 属性值都为"p2"。在浏览器中的显示效果如图 3-5 所示。

```
<!DOCTYPE html>
```

```
<html lang="en">
<head>
    <meta charset="UTF-8">
    <title>id 选择器实例</title>
    <style type="text/css">
        #p1 {
            font-size:24px;
            color-red;
        }
        #p2 {
            font-size:16px;
            color:green;
        }
    </style>
</head>
<body>
    <p id="p1">第一段文字，id 属性值为 p1</p>
    <p id="p2">第一段文字，id 属性值为 p1</p>
    <p id="p2">第一段文字，id 属性值为 p1</p>
</body>
</html>
```

图 3-5　id 选择器实例

　　需要注意的是上面实例中的两个<p>标签的 id 属性都设置为"p2"，浏览器没有报错，并将这两段文字都设置为了同一个样式。但如果一个网页中有多个元素的 id 属性值相同，使用 JavaScript 来获取 HTML5 对象时就会报错。

3.3.3　类选择器

　　类选择器用于指定 class 属性为特定值的 HTML5 元素，一个网页中多个元素的 class 属性的值可以相同，所以类选择器可用于对多个元素指定相同的样式。类选择器使用"."(英文的点号)来标识，其语法格式为：

类选择器

.class 属性值 {属性名 1:属性值 1; 属性名 2:属性值 2; …}

例如下面这段代码中，第一个<p>标签和第二个<p>标签的 class 属性值分别为"pageRed"和"font24"，第三个<p>标签的 class 属性值为"pageRed font24"(pageRed 和 font24 之间有空格)，显示效果为红色，大小为 24 px。其显示效果如图 3-6 所示。

```html
<!DOCTYPE html>
<html lang="en">
<head>
    <meta charset="UTF-8">
    <title>类选择器实例</title>
    <style type="text/css">
        .pageRed {
            color:red;
        }
        .font24 {
            font-size: 24px;
        }
    </style>
</head>
<body>
    <p class="pageRed">class 属性为 pageRed 的段落</p>
    <p class="font24">class 属性为 font24 的段落</p>
    <p class="pageRed font24">class 属性为 pageRed font24 的段落</p>
</body>
</html>
```

图 3-6　类选择器实例 1

类选择器与 HTML5 标签名相结合，用于选择某一类的特定 HTML5 元素。

例如下面这段代码中，div.class1 这个选择器选择的就是当前网页中 class 属性值为"class1"的所有<div>元素，而 class 属性值也为"class1"的<p>元素就没有被选中。其显示效果如图 3-7 所示。

```
<!DOCTYPE html>
<html lang="en">
<head>
    <meta charset="UTF-8">
    <title>类选择器实例</title>
    <style type="text/css">
        div.class1 {
            font-weight: bold;
            font-size:24px;
        }
    </style>
</head>
<body>
    <div class="class1">class 属性值为 class1 的 div 元素内容</div>
    <p class="class1">class 属性值为 class1 的 p 元素内容</p>
</body>
</html>
```

图 3-7　类选择器实例 2

3.3.4　属性选择器

属性选择器用于根据 HTML5 元素的属性名及属性的具体取值来选择 CSS3 所作用的对象。CSS3 中有 3 种属性选择器：E[att^="value"]、E[att$="value"]和 E[att*="value"]。

属性选择器

注意：这 3 种属性选择器的"value"字符串中的内容是区分大小写的。

1. E[att^= "value"]属性选择器

这个选择器用于选择标签名称为 E，且该标签定义了 att 属性的值包含前缀"value"的 HTML5 元素。例如 p[id^="page"]表示选择 id 属性值前缀为"page"的<p>标签元素。

2. E[att$="value"]属性选择器

这个选择器用于选择标签名称为 E，且该标签定义了 att 属性的值包含后缀"value"的 HTML5 元素。例如 p[id$="page"]表示选择 id 属性值后缀为"page"的<p>标签元素。

3. E[att*="value"]属性选择器

这个选择器用于选择标签名称为 E，且该标签定义了 att 属性的值包含"value"子字符串的 HTML5 元素。例如 p[id*="page"]表示选择 id 属性值包含"page"子字符串的<p>标签元素。

下面这段代码中，4 个<p>标签中都包含"page"子字符串，第一个和第二个<p>标签的 id 属性值前缀为"page"，第三个和第四个<p>标签的 id 属性值的后缀为"page"。其显示效果如图 3-8 所示。

```
<!DOCTYPE html>
<html lang="en">
<head>
    <meta charset="UTF-8">
    <title>属性选择器实例</title>
    <style type="text/css">
        p[id^="page"] {
            color:red;      /*字体颜色：红色*/
        }
        p[id$="page"] {
            color:green;    /*字体颜色：绿色*/
        }
        p[id*="page"] {
            font-size:24px;
        }
    </style>
</head>
<body>
    <p id="pageOne">id 属性值为 pageOne 的段落</p>
    <p id="pageTwo">id 属性值为 pageTwo 的段落</p>
    <p id="onepage">id 属性值为 onepage 的段落</p>
    <p id="twopage">id 属性值为 twopage 的段落</p>
</body>
</html>
```

图 3-8　属性选择器实例

3.3.5　后代选择器

后代选择器又称为层级选择器，用于选择某个元素的后代，即选择嵌套在外层标签中的内层标签。其基本的语法格式为：

外层标签　内层标签　{属性名 1:属性值 1; 属性名 2:属性值 2; …}

注意：外层标签和内层标签名之间用"空格"分隔。

例如下面这段代码中，嵌套在<ul>标签中的两个<em>标签中的文字颜色都设置为红色，而在<p>标签中的<em>标签中的文字颜色为默认颜色。其显示效果如图 3-9 所示。

后代选择器

```
<!DOCTYPE html>
<html lang="en">
<head>
    <meta charset="UTF-8">
    <title>后代选择器实例</title>
    <style type="text/css">
        ul em {
            color:red;
        }
    </style>
</head>
<body>
    <ul>
        <li><em>无序</em>列表 1</li>
        <li><em>无须</em>列表 2</li>
        <ol>
```

```
        <li>嵌套在无序列表中的<em>有序</em>列表 1</li>
        <li>嵌套在无序列表中的<em>有序</em>列表 2</li>
      </ol>
   </ul>
   <p>这是一段 p <em>嵌套在 p 标签中的 em 标签的内容</em> 标签内容.</p>
   </body>
</html>
```

图 3-9   后代选择器实例

3.3.6   子元素选择器

后代选择器所选择的是某个元素的任意后代元素，而子元素选择器可将选择范围限定在某个元素的第一级子元素。子元素选择器的基本语法格式为：

父元素名 > 子元素名 {属性名 1:属性值 1; 属性名 2:属性值 2; …}

例如下面这段代码中的"h1>strong"，选择的是作为 h1 元素的第一级子元素 strong 元素的内容。其显示效果如图 3-10 所示。

```
<!DOCTYPE html>
<html lang="en">
<head>
    <meta charset="UTF-8">
    <title>子元素选择器实例</title>
    <style type="text/css">
        h1 > strong {
            font-size:24px;
        }
    </style>
</head>
```

子元素选择器(一)

```
<body>
    <h1>这是 h1 标签中的 <strong>第一个 strong 标签内容</strong> <strong>第二个 strong 标
签内容</strong> 的内容.</h1>
    <h1>这是 h1 标签中的<em>em 标签中的 <strong>strong 标签内容
</strong></em> 的内容</h1>
</body>
</html>
```

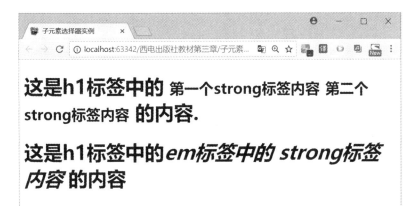

图 3-10　子元素选择器实例

后代选择器和子元素选择器可以组合在一起使用。例如下面这个选择器：

　　　　table.company td > p

会选择 class 属性值为 "company" 的 table 元素中作为 td 元素第一级子元素的所有 p 元素。

子元素选择器(二)

3.3.7　普通兄弟选择器(~)

普通兄弟选择器用于选择紧随某个元素后的所有兄弟元素。例如下面这段代码中的 "h1~p" 这个选择器，能够选中 h1 元素后面的所有 p 元素。其显示效果如图 3-11 所示。

```
<!DOCTYPE html>
<html lang="en">
<head>
    <meta charset="UTF-8">
    <title>普通兄弟选择器实例</title>
    <style type="text/css">
        h1 ~ p{
            color:red;
        }
    </style>
</head>
```

普通兄弟选择器(~)

```
<body>
    <p>第一个 p 标签中的内容</p>
    <h1>h1 标签中的内容</h1>
    <p>h1 标签后面的第一个 p 标签的内容</p>
    <p>h1 标签后面的第二个 p 标签的内容</p>
    <p>h1 标签后面的第三个 p 标签的内容</p>
</body>
```

图 3-11　普通兄弟选择器(~)实例

3.3.8　相邻兄弟选择器(+)

相邻兄弟选择器用于选择紧随某个目标元素后的第一个元素。例如下面这段代码中的
"h1+p"这个选择器，选中的是紧挨在 h1 标签后面的 p 元素。其显示效果如图 3-12 所示。

```
<!DOCTYPE html>
<html lang="en">
<head>
    <meta charset="UTF-8">
    <title>相邻兄弟选择器实例</title>
    <style type="text/css">
        h1 + p {
            margin-top:50px;
            color:red;
        }
    </style>
<body>
    <p>第一个 p 标签中的内容</p>
    <h1>h1 标签中的内容</h1>
```

相邻兄弟选择器(+)

```
    <p>h1 标签后面的第一个 p 标签中的内容</p>
    <p>h1 标签后面的第二个 p 标签中的内容</p>
</body>
```

图 3-12　相邻兄弟选择器实例

3.3.9　结构性伪类选择器

伪元素选择器并不是针对网页中真正的 HTML5 元素使用的选择器，而是针对 CSS3 中已经定义好的伪元素使用的选择器。结构性伪类选择器的公共特征是允许开发者根据文档结构来指定元素的样式。常用的结构性伪类选择器有 th-child、nth-last-child、nth-of-type、nth-last-of-type、first-child、last-child、first-of-type、last-of-type、only-child 和 only-of-type 等。该类选择器的基本语法格式为：

　　　　选择器:伪元素{CSS 样式 }

1．"E:first-child"和"E:last-child"选择器

"E:first-child"选择器表示的是选择父元素的第一个子元素的元素 E。

注意：是子元素，而不是后代元素。

"E:last-child"选择器与"E:first-child"选择器的作用类似，不同的是"E:last-child"选择器选择的是元素的最后一个子元素。

例如下面这段代码中，"p:first-child"选择的是第一个<p>标签元素，"p:last-child"选择的是最后一个<p>标签元素。其显示效果如图 3-13 所示。

```
<!DOCTYPE html>
<html lang="en">
<head>
    <meta charset="UTF-8">
    <title>Title</title>
```

```
<style>
    p{
        height:30px;
        width:300px;
        border:1px solid #00A2E9;        /*像素的实线边框*/
    }
    p:first-child{
        background-color: #64b0ff;
    }
    p:last-child {
        background-color:#ff0000;
    }
</style>
</head>
<body>
    <p>第一个 P 标签的内容</p>
    <p>第二个 P 标签的内容</p>
    <p>第三个 P 标签的内容</p>
    <p>最后一个 P 标签的内容</p>
</body>
</html>
```

图 3-13　first-child 和 last-child 选择器实例

2. "E:nth-child(n)" 和 "E:nth-last-child(n)" 选择器

"E:nth-child(n)" 选择器用来选择某个父元素的一个或多个特定的子元素，不分类型。其中 "n" 是其参数，也可以是关键词(odd、even)，含义如下：

(1) "p:nth-child(n)" 表示选择父元素中的第 n 个节点。

(2) "p:nth-child(odd)" 表示选择奇数行。

（3）"p:nth-child(even)"表示选择偶数行。

"E:nth-last-child(n)"选择器和"E:nth-child(n)"选择器非常相似，其作用是从某父元素的最后一个子元素开始计算，以选择特定的元素。

例如下面这段代码中，"p:nth-child(odd)"选择的是所有的奇数<p>标签元素。其显示效果如图 3-14 所示。

```
<!DOCTYPE html>
<html lang="en">
<head>
    <meta charset="UTF-8">
    <title>Title</title>
    <style>
      p{
        height:30px;
        width:300px;
        border:1px solid #00A2E9;
      }
      p:nth-child(odd) {
            background-color: #64b0ff;
      }
    </style>
</head>
<body>
    <p>第一个 P 标签的内容</p>
    <p>第二个 P 标签的内容</p>
    <p>第三个 P 标签的内容</p>
    <p>最后一个 P 标签的内容</p>
</body>
</html>
```

图 3-14　E:nth-child 选择器实例

3. "E:nth-of-type(n)"和"E:nth-last-of-type(n)"选择器

"E:nth-of-type(n)"选择器和"E:nth-child(n)"选择器的作用类似，不同的是它只计算父元素中指定的某种类型的子元素。"E:nth-of-type(n)"选择器中的"n"和"E:nth-child(n)"选择器中的"n"参数一样，可以是具体的整数，也可以是关键词。

"E:nth-last-of-type(n)d(n)"选择器和前面的"E:nth-of-type(n)"选择器的作用也类似，从某父元素的最后一个子元素开始计算，以选择特定的元素。

例如下面这段代码中，"p:nth-last-of-type(2)"选择器选择的是倒数第二个<p>标签元素，显示效果如图 3-15 所示。

```
<!DOCTYPE html>
<html lang="en">
```

```
<head>
    <meta charset="UTF-8">
    <title>Title</title>
    <style>
        p,h3{
            height:30px;
            width:300px;
            border:1px solid #00A2E9;
        }
        p:nth-last-of-type(2) {
            background:#64b0ff;
        }
    </style>
</head>
<body>
    <p>第一个 P 标签的内容</p>
    <h3>第一个 h3 中的内容</h3>
    <p>第二个 P 标签的内容</p>
    <p>第三个 P 标签的内容</p>
    <h3>第二个 h3 中的内容</h3>
    <p>最后一个 P 标签的内容</p>
</body>
</html>
```

图 3-15　"E:nth-last-of-type"选择器实例

3.3.10　伪类选择器

伪类选择器并不像前面所介绍的选择器那样，选择一种 HTML5 标签元素，它选择标签的一种状态，用于添加一些选择器的特殊效果。其基本的语法格式为：

选择器：伪类选择器 {样式表;}

对于<a>超链接标签，共有 4 种伪类选择器，可用来设定超链接的 4
种状态对应的样式：

(1) "a:link{ }" 设置超链接未被鼠标单击之前的样式。

(2) "a:hover{ }" 设置当鼠标放在<a>标签上时的样式。

(3) "a:active{ }" 设置超链接被鼠标单击瞬间的样式。

伪类选择器

(4) "a:visited{ }" 设置当超链接被鼠标单击后的样式。

在 CSS3 定义中使用多个伪类选择器时，要注意它们的先后次序：

(1) "a:hover" 必须置于 "a:link" 和 "a:visited" 之后，才是有效的。

(2) "a:active" 必须置于 "a:hover" 之后，才是有效的。

例如下面这段代码分别设置了超链接的 4 种伪类对应的样式，显示效果如图 3-16 所示。

```
<!DOCTYPE html>
<html lang="en">
<head>
    <meta charset="UTF-8">
    <title>伪类选择器实例</title>
    <style type="text/css">
        a:link {color:#FF0000; text-decoration: none;} /* 未访问的链接 */
        a:visited {color:#00FF00; text-decoration: underline} /* 已访问的链接 */
        a:hover {color:#FF00FF; font-size:24px;} /* 鼠标划过链接 */
        a:active {color:#0000FF;} /* 已选中的链接 */
    </style>
</head>
<body>
    <a href="#">这是一个超链接</a>
</body>
</html>
```

图 3-16　伪类选择器实例

3.3.11　通配符选择器

通配符选择器用一个星号(*)表示，单独使用时，这个选择器可与文档中的任何元素匹配，就像一个通配符。例如下面这个选择器可以让当前网页中所有文本的颜色都为黑色：

通配符选择器

```
* { color:black; }
```

也可使用通配符选择器来选择某个元素下的所有元素。在与其他选择器结合使用时，通配符选择器可对特定元素的所有后代应用样式。例如下面这个选择器给 class 属性值为"demo"元素的所有后代添加一个灰色背景：

```
.demo * { background: gray; }
```

虽然通配符选择器的功能强大，但出于效率考虑，很少有人使用它。通配符选择器通常用于对所有的网页元素进行初始化。例如，由于各个浏览器对每个元素上的默认边距都不一致，为了保证页面能够兼容多种浏览器，使用通配符选择器来将网页中所有对象的填充和边距都设置为 0：

```
* { margin: 0; padding: 0; }
```

3.3.12　并集选择器

如果多个 HTML5 元素对象所定义的样式完全相同或有部分内容相同，为了避免重复，可将这些元素对象的选择器用","连接在一起，这些元素对象将应用相同的 CSS3 样式。例如下面这段代码中，"h2, p.p1"这个并集选择器选中的是<h2>标签元素和 class 属性值为 p1 的<p>标签元素。其显示效果如图 3-17 所示。

并集选择器

```
<!DOCTYPE html>
<html lang="en">
<head>
    <meta charset="UTF-8">
    <title>并集选择器实例</title>
    <style type="text/css">
        h2, p.p1 {
            font-size:24px;
        }
    </style>
</head>
<body>
    <h2>h2 标签中的内容</h2>
    <p>p 标签的内容</p>
    <p class="p1">class 属性为 p1 的 p 标签内容</p>
</body>
</html>
```

图 3-17　并集选择器实例

3.4　CSS3 文本样式

CSS3 提供了丰富的文本样式，可对网页中文本的字体、字号、颜色、字型等显示方式进行控制。

3.4.1　字体样式属性：font-family

font-family 属性用于设置字体，其语法格式为：

　　选择器　{font-family:字体列表;}

注意：字体列表中的字体名要加双引号，多个字体之间用"，"分隔。

例如下面这段代码可将网页中所有的\<p\>标签中文字的字体设置为微软雅黑：

字体样式属性

　　p { font-family:"微软雅黑";}

该属性指定了用"，"分隔的多个字体，浏览器会从第一个字体开始尝试，如果不支持第一个字体，会尝试下一个，直到找到合适的字体。如果所指定的字体都不合适，则使用浏览器默认的字体。例如：

　　p { font-family:"微软雅黑","宋体","黑体";}

浏览器会首选"微软雅黑"，如果用户电脑上没有安装该字体，则按顺序尝试"宋体""黑体"。如果指定的这 3 种字体都没有，则使用浏览器默认字体来显示\<p\>标签中的文字。

CSS3 新增了一个@font-face 属性，可定义服务器端的字体，以解决用户端计算机未安装相关字体的问题。其基本的语法格式为：

　　@font-face {

　　　　font-family:自定义的字体名称;

　　　　src:所用字体的 URL 地址;

　　}

例如下面这段代码中，@font-face 属性引用了服务器端 fonts 目录下的"jzzt.TTF"字体将其名字定义为"jzzt"。<p>标签的 font-family 属性引用了"jzzt"字体。其显示效果如图 3-18 所示。

```
<!DOCTYPE html>
<html lang="en">
<head>
    <meta charset="UTF-8">
    <title>Title</title>
    <style type="text/css">
        @font-face {
            font-family:jzzt;   /* 定义服务器端字体的名字，该名字可以被 font-family 属性使
用 */
            src:url(./fonts/jzzt.TTF);   /*引用服务器的 fonts 目录下的 jzzt.TTF 字体 */
        }
        p{
            font-family: jzzt;
        }
    </style>
</head>
<body>
    <p>这是一段引用服务器端字体的文字</p>
</body>
</html>
```

图 3-18　font_family 属性样式实例

3.4.2　字号属性：font-size

font-size 属性用于设置文本的字号大小。其基本的语法格式为：

font-size: xx-small|x-small|small|medium|large|x-large|xx-large|larger|smaller|length|%;

其中：

(1) xx-small 到 xx-large：表示字号由最小到最大。

(2) larger：比父元素更大的字号。

(3) smaller：比父元素更小的字号。

(4) %：将字号设定为基于父元素的百分比值。

(5) length：将字号设定为固定的值。

字号属性(一)

下面这段代码中，使用%的方式改变<h1>标签中的文字字号。其显示效果如图 3-19 所示。

```
<!DOCTYPE html>
<html lang="en">
<head>
    <meta charset="UTF-8">
    <title>font-size 属性实例</title>
    <style type="text/css">
        #first {
            font-size:150%;
        }
    </style>
</head>
<body>
    <h1 id="first">设置 font-size：150%的 h1 标签内容</h1>
    <h1>普通的 h1 标签内容</h1>
    <h2 id="first">设置 font-size：150%的 h2 标签内容</h2>
    <h2>普通的 h2 标签内容</h2>
</body>
</html>
```

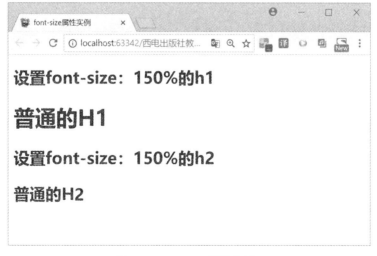

图 3-19　font-size 属性实例 1

CSS3 有相对长度单位和绝对长度单位两种表示长度的类型。绝对长度单位代表一个物理测量单位，是一个固定的值，它反映一个真实的物理尺寸。绝对长度单位视输出介质而定，不依赖于环境(显示器、分辨率、操作系统等)。相对长度单位指定了一个长度相对于另一个长度的属性。常用的长度单位如表 3-1 所示。

字号属性(二)

表 3-1　常用长度单位

相对长度单位及说明	
em	相对于当前对象内文本的字体尺寸。如当前对象内文本的字体尺寸未被人为设置，则相对于浏览器的默认字体尺寸
px	像素。相对于显示器屏幕分辨率的大小
绝对长度单位及说明	
in	英寸(1 in = 2.54 cm = 96 px)
cm	厘米(1 cm = 10 mm = 37.8 px)
mm	毫米(1 mm = 0.1 cm = 3.78 px)
pt	点(1 pt = 1/72 in = 1.33 px)

虽然 CSS3 中定义的 px 是一个相对长度单位，但很多浏览器都把 1 px 的长度定义为 1 英寸的 1/96，所以本质上，px 还是一个绝对长度单位。在网页设计中，像素 px 是典型的度量单位，很多其他长度单位直接映射成像素。

相对长度单位中的 em，若用于表示元素本身的 font-size 属性，则表示其大小相对于父元素的 font-size；若用于其他属性，则相对于本身元素的 font-size。如下面这段代码中，class 属性为"box"的外层 div(父元素)，其 font-size 属性设置为 20 px，class 属性为"in"的内层 div(子元素)中的元素大小受父元素 font-size 设置值的影响。其显示效果如图 3-20 所示。

```
<!DOCTYPE html>
<html lang="en">
<head>
    <meta charset="UTF-8">
    <title>相对长度单位 em 实例</title>
    <style type="text/css">
        .box{font-size: 20px; border:1px solid red;width:500px;}
        .in{
            /* 相对于父元素，所以 2*2px=40px */
            font-size: 2em;
            /* 相对于本身元素，所以 5*40px=200px */
            height: 5em;
            /* 10*40px=400px */
            width: 10em;
            background-color: lightblue;
        }
```

```
        </style>
    </head>
    <body>
    <div class="box">
        外部 div 中的文字
        <div class="in">测试文字</div>
    </div>
    </body>
    </html>
```

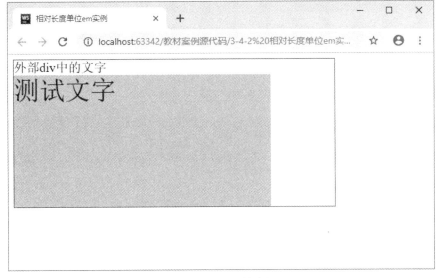

图 3-20　font-size 属性实例 2

3.4.3　字体粗细属性：font-weight

font-weight 属性用于设置字体的粗细，取值如表 3-2 所示。

字体粗细属性

表 3-2　字体粗细属性取值

值	说　　明
normal	默认值。定义标准的字符
bold	定义粗体字符
bolder	定义更粗的字符
lighter	定义更细的字符
100、200、300、400、500、600、700、800、900	定义由粗到细的字符。400 等同于 normal，700 等同于 bold

下面这段代码列举了 4 种字体粗细属性取值，显示效果如图 3-21 所示。

```
        <!DOCTYPE html>
        <html lang="en">
```

```
<head>
    <meta charset="UTF-8">
    <title>font-weight 属性实例</title>
    <style type="text/css">
        .lighter {
            font-weight: lighter;
        }
        .normal {
            font-weight: normal;
        }
        .bold {
            font-weight: bold;
        }
        .bolder {
            font-weight: bolder;
        }
    </style>
</head>
<body>
    <p class="lighter">字体粗细：lighter</p>
    <p class="normal">字体粗细：normal</p>
    <p class="bold">字体粗细：bold</p>
    <p class="bolder">字体粗细：bolder</p>
</body>
</html>
```

图 3-21　font-weight 属性实例

3.4.4　字体风格属性：font-style

font-style 属性用于设置斜体、倾斜等字体风格，其基本语法为：

　　　font-style : normal | italic | oblique;

其中：

字体风格属性

(1) normal：默认值，正常的字体。

(2) italic：斜体。对于没有斜体的字体，应使用 oblique。

(3) oblique：倾斜的字体。

注意：italic 和 oblique 从显示效果来看，都是向右倾斜的文字，但 italic 是指斜体字，而 oblique 是倾斜的文字，对于没有倾斜的字体应该使用 oblique 属性值来实现倾斜的文字效果。

3.4.5　综合字体样式属性：font

除了使用 font-style、font-weight、font-size 等属性设置字体相关的样式外，CSS3 提供了一个 font 属性，可以将这些字体样式综合在一起。其基本语法格式为：

　　　font:font-style font-weight font-size/line-height font-family;

综合字体样式属性

注意：使用 font 属性时，需要按照上面语法格式中给出的顺序，各个属性之间用空格分隔。不需要的属性可以省略，但是 font-size 和 font-family 属性必须保留，否则 font 属性不起作用。

例如下面这段代码中，"<p class="second">"这段语句因未设置 font-family 属性值，所以 font 属性所设置的样式未起作用。其显示效果如图 3-22 所示。

```
<!DOCTYPE html>
<html lang="en">
<head>
    <meta charset="UTF-8">
    <title>font 属性实例</title>
    <style type="text/css">
        .first {
            font:italic 18px "隶书";
        }
        .second {
            font:italic 18px;
        }
    </style>
</head>
<body>
    <p class="first">该段文字应用了 font-style、font-size 和 font-family 属性 </p>
    <p class="second">该段文字只应用了 font-style、font-size 两个属性,未使用 font-family 属性 </p>
```

```
</body>
</html>
```

图 3-22   font 属性实例

3.4.6　其他常用的文本样式属性

1. 文本颜色属性：color

color 属性用于定义文本的颜色，其基本的语法格式为：

文本颜色属性

    color:颜色;

在 CSS3 中，颜色的定义方法主要有以下几种：

(1) 预定义的颜色值，如 red、green、blue 等。

(2) 十六进制方式，组合红绿蓝颜色值(RGB) 的十六进制(hex)定义颜色。格式为 "#RRGGBB"，即以 "#" 开头的 6 位十六进制数，其中 RR、GG、BB 为从 00～FF 的十六进制数(大小写都可以)，分别表示红、绿、蓝三原色在颜色中的组成。如红色可表示为 "#FF0000"，黄色可表示为 "#FFFF00"。"#FF6600" 可缩写为 "#F60"。

(3) RGB 函数，使用 0～255 之间的数字或者 0～100%之间的百分数，作为 rgb(red，green，blue)的参数来定义颜色。如红色可表示为 "rgb(255，0，0)" 或 "rgb(100%，0，0)"。

也可使用 rgba(red, green, blue, alpha)，该函数在 rgb()函数的基础上增加了一个表示透明度的参数 alpha，取值为 0～1，用于定义透明度 0(完全透明)～1(完全不透明)。

2. 文本换行属性：word-wrap

word-wrap 属性用于设置当内容超过指定容器的边界时是否断行，其基本的语法格式为：

    word-wrap：normal | break-word;

其中：

(1) normal 表示允许内容顶开或溢出指定的容器边界。

(2) break-word 表示长单词或 URL 地址等内容将在边界内换行。

例如下面这段代码展示了 word-wrap 属性的断行效果，<p>标签的宽度设定为 100px，第一个<li>标签中的<p>标签，其 word-wrap 属性设定为"normal"，其中的 URL 地址会溢出所设定的宽度；第二个<li>中的<p>标签，其 word-wrap 属性设定为"break-word"，其中 URL 地址内容会被截断换行。其显示效果如图 3-23 所示。

图 3-23　　word-wrap 属性实例

```
<!DOCTYPE html>
<html lang="en">
<head>
    <meta charset="UTF-8">
    <title>word-wrap 属性实例</title>
    <style type="text/css">
        .test p{
            width:100px;
            border:1px solid #000;
            background-color:#eee;}
        .normal p{
            word-wrap:normal;
        }
        .break-word p{
            word-wrap:break-word;
        }
    </style>
</head>
<body>
<ul class="test">
    <li class="normal">
```

```
        <p>中英混排文字 ，http://www.w3school.com，word-wrap 属性取值为：normal</p>
    </li>
    <li class="break-word">
        <p>中英混排文字 ，http://www.w3school.com，word-wrap 属性值为 :break-word</p>
    </li>
</ul>
</body>
</html>
```

3. 行间距属性：line-height

行间距也称为行高，是指行与行之间的距离，即字体最底端与字体内部顶端之间的距离。其基本的语法格式为：

line-height：normal | <length> | <percentage> | <number>

其中：

(1) normal：允许内容顶开或溢出指定的容器边界。

(2) <length>：用长度值指定行高。

(3) <percentage>：用百分比指定行高。

(4) <number>：用乘积因子指定行高。

行间距属性

注意：使用长度值或者百分比指定行高，若字体大小大于行高，就会出现文字重叠的现象。用乘积因子指定行高的方式则可避免文字重叠的现象。

例如下面这段代码中，<p class="first">这段文字的"line-height:12px"，设定的行高为 12 px，小于 font-size 属性所设定的 24 px，产生了文字重叠现象。<p class="second">这段文字采用乘积因子的方式设定行高，就避免了文字重叠现象。其显示效果如图 3-24 所示。

```
<!DOCTYPE html>
<html lang="en">
<head>
    <meta charset="UTF-8">
    <title>line-height 属性实例</title>
    <style type="text/css">
        p {
            width:300px;
            border:1px solid #000;
        }
        p.first {
            font-size:24px;
            line-height: 12px;
        }
        p.second {
            font-size:24px;
            line-height: 1.2;
        }
```

```
        </style>
    </head>
    <body>
        <p class="first">第一段文字，使用长度值设定 line-height，行高小于字体大小，产生了重叠</p>
        <p class="second">第一段文字，使用乘积因子设定 line-height，可避免重叠</p>
    </body>
</html>
```

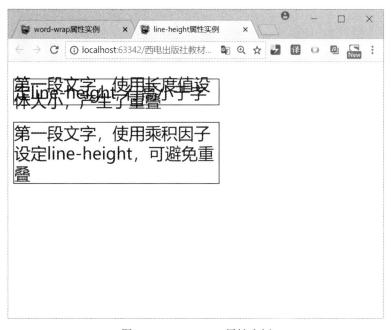

图 3-24　line-height 属性实例

在实际网页设计中，可将 line-heigh 和 height 属性设置为相同的值来实现文本垂直居中的显示效果。

4. 文本水平对齐属性：text-align

text-align 属性用于设置文本的水平对齐方式，其语法格式为：

文本水平对齐属性

  text-align：left | right | center;

其中：

(1) left：内容左对齐。

(2) center：内容居中对齐。

(3) right：内容右对齐。

例如下面这段代码就通过将 line-height 和 height 属性设定为相同的值，实现了文字垂直居中的显示效果；`<p class="p1">`中的文字通过将 text-align 属性设置为 right，实现了水平靠右对齐。其显示效果如图 3-25 所示。

```
        <!DOCTYPE html>
        <html lang="en">
        <head>
```

```
    <meta charset="UTF-8">
    <title>line-height 垂直居中实例</title>
    <style type="text/css">
        p {
            width:400px;
            height:50px;
            border:1px solid #000;
        }
        p.p1 {
            text-align: right;
        }
        .p2 {
            line-height:50px;
            text-align: center;
        }
    </style>
</head>
<body>
    <p class="p1">第一段文字，只设置了 height 属性</p>
    <p class="p2">第二段文字，line-height、heigh 属性值相同</p>
</body>
</html>
```

图 3-25　line-height 属性实例

3.5　盒子模型

　　盒子模型(Box Model)是 CSS3 控制页面元素的一个重要概念，是进行网页布局的基础，是一个用于描述 HTML5 和 CSS3 中元素布局的概念。在 Web 开发中，每个 HTML5 元素都可看作一个矩形的盒子，这个盒子由内容区域、内边距、边框和外边距组成。

3.5.1　盒子模型概述

　　生活中的盒子有长、宽、高，盒子本身也有厚度，可用来装东西。CSS3 的盒子模型我们可以理解为从盒子顶部俯视所得到的一个平面图，盒子里装的东西，相当于盒子模型的内容(content)；东西与盒子之间的空隙，理解为盒子模型的内边距(padding)；盒子本身的厚度，就是盒子模型的边框 (border)；盒子外与其他盒子之间的间隔，就是盒子的外边距(margin)。

盒子模型概述

　　在盒子模型中，所有页面中的元素都被看作一个个盒子，它们占据一定的页面空间，在其中放着特定内容。通过调整盒子的边距和间距等参数来调节盒子的位置和大小。元素的外边距(margin)、边框(border)、内边距(padding)、内容(content)就构成了 CSS3 盒子模型。盒子模型如图 3-26 所示。

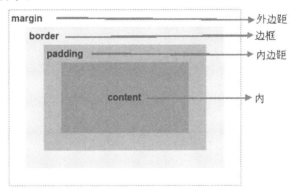

(a)

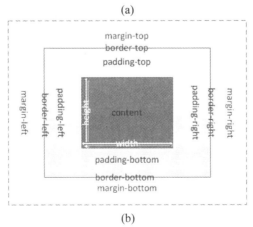

(b)

图 3-26　CSS3 盒子模型

3.5.2　盒子模型的相关属性

1. 盒子的宽和高

盒子的宽和高

在默认情况下，盒子的大小会随着其中的内容来调整。在使用 CSS3 进行网页布局时，需要使用 width 和 height 两个属性对盒子的宽度和高度进行设置。width 和 height 属性的取值采用相对取值，实际工作中通常使用像素值。例如下面这段代码中，将一个<div>元素的宽和高分别设置为 100 px，背景色设置为"#CCC"。其显示效果如图 3-27 所示。

```html
<!DOCTYPE html>
<html lang="en">
<head>
    <meta charset="UTF-8">
    <title>盒子模型的宽和高实例</title>
    <style type="text/css">
        #div1 {
            height:100px;
            width:100px;
            background:#ccc;
        }
    </style>
</head>
<body>
    <div id="div1">

    </div>
</body>
</html>
```

图 3-27　CSS3 盒子模型的宽和高实例

2. 盒子的边框：border

在 CSS3 中，可使用边框相关的属性对一个盒子边框的样式、宽度、颜色等进行设计。常用的边框相关属性如表 3-3 所示。

盒子的边框

表 3-3　常用的边框相关属性

样 式 属 性	作　　用	常 用 取 值
boder-style	设置边框样式	None—无边框；solid—单实线；dashed—虚线；dotted—点划线；double—双实线
boder-width	设置边框宽度	像素为单位的宽度值
boder-color	设置边框颜色	"#rrggbb" 等方式表示的颜色值

1) 边框样式属性：border-style

boder-style 属性用于设置盒子模型 4 个边框的样式。其基本的语法格式为：

　　　border-style:上边框 [右边框 下边框 左边框];

使用 boders-style 设置边框样式时，可根据需要灵活使用以下 4 个值：

(1) 只设置 1 个值：则表示四个边框使用同一样式。

(2) 设置 2 个值：第一个值表示上、下边框样式，第二个值表示左、右边框的样式。

(3) 设置 3 个值：第一个值表示上边框样式，第二个值表示左、右边框的样式，第三个值表示下边框的样式。

(4) 设置 4 个值：分别表示上、右、下、左 4 个边框的样式。

2) 边框宽度属性：border-width

border-width 属性用于设置边框的宽度。其基本的语法格式为：

　　　border-width:上边框 [右边框 下边框 左边框];

盒子边框颜色

这 4 个取值的含义，与 boder-style 属性的 4 个取值的含义一样。

3) 边框颜色属性：border-color

border-color 属性用于设置边框的颜色。其基本的语法格式为：

　　　border-color:上边框 [右边框 下边框 左边框];

这 4 个取值的含义，也与 boder-style 属性的 4 个取值的含义一样。

4) 综合设置边框的样式、宽度和颜色属性

虽然使用 boder-style、boder-width、border-color 可灵活地对盒子模型的 4 个边框的样式、宽度和颜色进行设置，但这样写的 CSS3 代码非常繁琐。为了简化设置，CSS3 提供了精简的边框样式设置方法。其基本的语法格式为：

综合设置盒子边框

　　　border:边框宽度 边框样式　边框颜色;

在具体使用过程中，也可通过使用 border-top、border-bottom、border-left、border-right 这 4 个属性分别对上、下、左、右这 4 个边框的宽度、样式和颜色进行设置。例如下面这段代码分别使用 border-style、border-width 和 border-color 3 个属性设置了一个盒子的相关样式。其显示效果如图 3-28 所示。

```
<!DOCTYPE html>
<html lang="en">
<head>
    <meta charset="UTF-8">
    <title>盒子模型的边框样式实例</title>
    <style type="text/css">
        #div1 {
            width:150px;
            height:150px;
            border-style:solid; /* 上、下、左、右四个边框都是实线 */
            border-width:2px 4px 6px 8px; /*上、右、下、左四个边框的宽度分别为 2px、4px、
6px、8px */
            border-color:red green; /* 上下边框颜色为：red，左右边框颜色为：green */
        }
    </style>
</head>
<body>
    <div id="div1">

    </div>
</body>
</html>
```

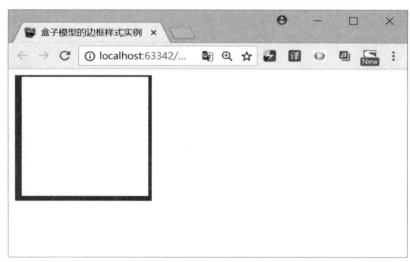

图 3-28　边框样式实例

　　下面这段代码使用 border 属性把 4 个边框设置成了相同的样式。其显示效果如图 3-29 所示。

```
<style type="text/css">
```

```
#div1 {
    width:150px;
    height:150px;
    border:2px solid red;/*四个边框：宽度 2px，实线，红色 */
}
</style>
```

图 3-29　综合设置盒子边框实例

3.5.3　盒子的内边距：padding

盒子模型中的内边距(padding)是指盒子的内容和边框之间的距离。内边距可通过 padding-top(上内边距)、 padding-right(右内边距)、padding-bottom(下内边距)、padding-left(左内边距)这 4 个属性分别进行设置。

下面这段 CSS3 代码所设置的内边距的效果如图 3-30 所示。　　　　盒子的内边距(一)

```
<!DOCTYPE html>
<html lang="en">
<head>
    <meta charset="UTF-8">
    <title>盒子模型内边距实例</title>
    <style>
        div {
            width:   100px;
            height: 100px;
            border: 1px solid red;
            padding-top: 50px;   /*上内边距 50 像素：即 div 内容和上边框之间有 50 像素的填充 */
```

```
            padding-right: 30px;   /*右内边距 30 像素：即 div 内容和右边框之间有 30 像素的填充 */
            padding-bottom: 20px; /*下内边距 20 像素：即 div 内容和下边框之间有 20 像素的填充 */
            padding-left: 60px;    /*左内边距 60 像素：即 div 内容和左边框之间有 60 像素的填充 */
        }
    </style>
</head>
<body>
    <div>
        div 的内容
    </div>
</body>
</html>
```

图 3-30 盒子模型内边距设置实例

也可使用 padding 这个简写属性，同时设置边框 4 个方向的内边距：

(1) 指定 1 个值时，表示 4 个方向的内边距都一样。

(2) 指定 2 个值时，第一个值设置上、下内边距，第二个值设置左、右内边距。

(3) 指定 3 个值时，第一个值设置上内边距，第二个值设置左、右内边距，第三个值设置下内边距。

(4) 指定 4 个值时，各个值按顺时针方向依次设置上、右、下、左内边距。

上面代码中，分别使用 padding-top、padding-right、padding-bottom、padding-left 4 个属性设置了盒子 4 个方向的内边距。下面简写后的代码可达到同样的填充效果。

```
padding:50px 30px 20px 60px;   /* 按照上、右、下、左顺序 */
```

在实际网页设计中，要注意设置了盒子模型的内边距(padding)和边框(border)后，盒子宽、高的计算要把填充的内边距和边框都计算在内，即盒子的宽度等于盒子自身的宽度加上盒子的左内边距、右内边距、左边框和右边框的宽度，盒子的高度等于盒子自身的高度加上盒子的上

盒子的内边距(二)

内边距、下内边距、上边框和下边框的高度。例如上面代码中，我们把 div 的宽和高都设置为了 100 px，但同时又设置了其内边距和边框，则该 div 在网页中实际所占的宽度为：

$$100\ px + 30\ px + 60\ px + 2\ px = 192\ px$$

实际所占的高度为：

$$100\ px + 50\ px + 20\ px + 2\ px = 172\ px$$

3.5.4　盒子的外边距：margin

盒子的外边距(margin)用于设置盒子和外部元素之间的边距。和内边距一样，外边距可使用上外边距(margin-top)、右外边距(margin-right)、下外边距(margin-bottom)和左外边距(margin-left)这 4 个属性分别设置，也可使用 margin 这个属性统一设置 4 个外边距的大小。

盒子的外边距

下面这段代码定义了一个宽、高均为 100px 的 div，显示效果如图 3-31 所示。

图 3-31　盒子模型外边距实例 1

```
<!DOCTYPE html>
<html lang="en">
<head>
    <meta charset="UTF-8">
    <title>盒子模型外边距实例</title>
    <style>
        div {
            width: 100px;
            height: 100px;
            border: 1px solid #ccc;
        }
    </style>
</head>
<body>
```

```
    <div>
        div 的内容
    </div>
    </body>
    </html>
```

仔细观察上面代码的显示结果，能看到这个 div 的边框和浏览器窗口的上边、左边均有一段默认的空白区域。这个区域在实际网页设计中是需要去掉的，因为不同的浏览器对于该空白区域大小的默认值是不相同的，为了保证网页在不同浏览器中显示效果的一致性，通常要将该空白区域清除掉。这时就要用到 margin 属性了。

给上面代码的 body 元素增加一个 margin 属性，设置的样式如下：

```
<style>
    body {
        margin:0px; /*  表示 body 的上、右、下、左外边距均为 0px */
    }
    div {
        width: 100px;
        height: 100px;
        border: 1px solid #ccc;
    }
</style>
```

将 body 元素的 margin 属性设置为 0px，表示网页元素距离浏览器窗口的上、下、左、右边距的值都为 0。此时该 div 的边框就会紧贴着浏览器窗口的上边和左边了。其具体显示效果如图 3-32 所示。

图 3-32　盒子模型外边距实例 2

在实际网页设计中，将一个盒子的上、下 margin 设置为 "0"，左、右 margin 设置为 "auto"，可实现盒子水平居中效果。

3.6　背景属性

通过设置网页的背景可以让网页变得更加丰富多彩。例如在特定的节日，可以把网页背景设置为喜庆的图片，这样网站的效果会更突出。在实际网页设计中，也可通过设置背景图片的方式，将 HTML5 默认的列表元素前面的图案换成自己设计的图片。与背景相关的 CSS3 属性主要有设置背景颜色、设置背景图片及背景图片定位等。

3.6.1　设置背景颜色

background-color 属性用来设置元素的背景颜色，可使用英文的颜色名、#rrggbb 十六进制表示的颜色值、rgba(red,green,blue,alpha)等方式。这

设置背景颜色

种颜色是纯色，会填充元素的内容、内边距和边框区域，扩展到元素边框的外边界(但不包括外边距)。

下面这段代码使用了 3 种不同的方式设置元素的背景颜色，显示效果如图 3-33 所示。

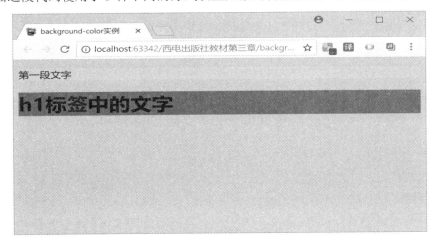

图 3-33　背景颜色样式实例

```
<!DOCTYPE html>
<html lang="en">
<head>
    <meta charset="UTF-8">
    <title>background-color 实例</title>
    <style>
        body{
            background-color: #ccc;
        }
        p {
            background-color: pink;
```

```
        }
        h1{
                background-color: rgb(255,0,255);
        }
    </style>
</head>
<body>
    <p>第一段文字</p>
    <h1>h1 标签中的文字</h1>
</body>
</html>
```

上面这段代码中，将网页背景(body)的颜色设置为了"#ccc"，p 标签的背景色设置为了"pink"，h1 标签的背景色设置为了"rgb(255, 0, 255)"。

3.6.2   设置背景图片

使用 background-image、background-repeat 和 background-position 这3 个属性，可分别设置背景图片的 URL 地址、背景图片重复的方式和背景图片的位置。

设置背景图片(一)

1. 背景图片的引用：background-image

background-image 属性描述了元素引用背景图片的 URL 地址。其语法格式为：

```
background-image:url("图片文件的 url 地址");
```

注意：所指定的图片文件 URL 地址一般使用相对地址的表示方式。默认情况下，背景图片进行平铺重复显示，以覆盖整个元素实体的背景。

下面这段代码通过平铺的方式，用一张图片将当前网页的背景进行了覆盖，显示效果如图 3-34 所示。

图 3-34   背景图片样式案例

```
<style>
    body {
        background-image: url(./images/bg_image.gif);
    }
</style>
```

注意：上面这段代码中背景图片的 URL 地址表示方式中，"./"是当前目录的意思，"./images/bg_image.gif"是引用当前网页所在目录的 images 目录下的 bg_image.gif 文件。

2. 背景图片的重复方式：background-repeat

background-repeat 属性用于设置背景图片是否重复及重复的方式。其语法格式为：

background-repeat:repeat|repeat-x|repeat-y|no-repeat；

其中：

设置背景图片(二)

(1) repeat：默认值。背景图片将在垂直方向和水平方向重复。

(2) repeat-x：背景图片将在水平方向重复。

(3) repeat-y：背景图片将在垂直方向重复。

(4) no-repeat：背景图片不重复，仅显示一次。

3. 背景图片的位置：background-position

background-position 属性用于设置背景图片的位置，可对背景图片在对象中的位置实现精确控制。其语法格式为：

background-position: xpos ypos | x% y% | x y；

设置背景图片(三)

其中，"xpos ypos | x% y% | x y"表示背景图片在对象中位置的 3 种定位方式：

(1) xpos ypos：表示使用预定义的关键字定位。xpos 表示水平方向的定位，取值为 left|center|right，分别表示左对齐|水平居中|右对齐；ypos 表示垂直方向的定位，取值为 top|center|bottom，分别表示靠上|垂直居中|靠下。

xpos 为 left，表示图片的左边与对象的左边对齐；为 right，表示图片的右边和对象的右边对齐。ypos 为 top，表示图片的顶部和对象的顶部对齐；为 bottom，表示图片的底部和对象的底部对齐。xpos、ypos 为 center，表示图片在水平、垂直方向的中心和对象在水平、垂直方向的中心对齐。

(2) x% y%：表示使用百分比定位，是将图片本身(x%，y%)的坐标点与背景区域(x%，y%)的坐标点重合。最终得到背景图片起始位置坐标的计算公式为：

x = (对象的宽度 − 图片的宽度) * x%；

y = (对象的高度 − 图片的高度) * y%；

使用百分比定位，要使背景图片居中只需把背景图片的位置设置为"50% 50%"即可。

(3) x y：表示使用长度值定位，将背景图片的左上角放置在对象的背景区域中(x, y)所指定的位置，即 x y 定义的是背景图片的左上角相对于背景区域左上角的偏移量。

偏移量长度可以是正值，也可以是负值。x 为正值，表示向右偏移；x 为负值，表示向左偏移。y 为正值，表示向下偏移；y 为负值，表示向上偏移。背景图片发生移动后，就有可能超出对象的背景区域，超出的部分将不会显示，只会显示落入背景区域的部分。

下面这段代码在一个 div 中设置了一个居中的背景图片，background-repeat 属性设置为 "no-repeat"，所以在 div 中央显示了一个图片。其具体显示效果如图 3-35 所示。

```
<style>
    div {
        width: 200px;
        height: 200px;
        border: 1px dashed #ccc;
        background-repeat: no-repeat;
        background-position: center center;
        background-image: url(./images/background-position.png);
    }
</style>
```

图 3-35　背景图片位置实例

3.6.3　综合设置背景图片

实际网页设计中，也可使用 background 简写属性在一个声明中设置所有的背景属性。使用 background 简写属性可设置如下背景相关的属性：background-color、background-position、background-size、background-repeat、background-origin、background-clip、background-attachment 和 background-image。

例如下面这段代码：

```
Body    {
    background-image:url('bgimage.gif');
    background-repeat:no-repeat;
    background-attachment:fixed;
    background-position:center;
}
```

可以用 background 简写属性把它们综合写在一起：

```
body    {
    background:url('bgimage.gif') no-repeat fixed center;
}
```

在实际使用中，如果不设置其中的某个值，也不会出问题，比如"background:#ff0000 url('smiley.gif');"这个样式也是允许的。

3.6.4　CSS3 精灵图

CSS3 精灵图(CSS3 Sprites)是一种优化网页性能的技术，它将多张图片合并到一张图片中，然后通过 CSS3 背景位置来显示需要的图片部分。这样做可减少 HTTP 请求的次数，从而加快页面加载速度。

一个精灵图像文件 sprite.png 它包含了多个图标，使用 CSS3 的背景图相关样式来显示这个精灵图中的特定图标：

```
.icon-home {
    background-image: url('sprite.png');
    background-position: 0 0; /*  左上角的位置  */
    width: 32px; /*  图标的宽度  */
    height: 32px; /*  图标的高度  */
    background-size: 160px 160px; /*  精灵图的总尺寸  */
}


.icon-user {
    background-image: url('sprite.png');
    background-position: -40px 0; /*  左起第二个图标的位置  */
    width: 32px;
    height: 32px;
    background-size: 160px 160px;
}
```

在 HTML5 中，可这样使用这些图标类：

```
<div class="icon-home"></div>
<div class="icon-user"></div>
```

这样，当页面加载时，只有一个 HTTP 请求来加载精灵图像文件，然后通过 CSS3 定位到正确的图标位置。在网站访问量大时，可显著降低网站服务器的请求负载。

3.7　继承、层叠和优先级

使用 CSS3 设置元素样式时，需要先使用选择器选择要作用的对象。在 CSS3 中，当有多个选择器作用在一个元素上时，哪个规则最终会应用到元素上是通过层叠机制控制的，这也和样式继承(元素从其父元素那里获得属性值)有关。

一个网页元素的最终样式可在行内、内部和外部等多个地方定义，它们以复杂的形式相互影响(层叠)。这些复杂的相互作用使 CSS3 变得非常强大，但也使其非常难于调试和理解。理解 CSS3 层叠和优先级才能在复杂的网页设计中知道样式的最终作用效果。

3.7.1　继承

CSS3 样式具有继承性。所谓的继承性，就是给某些元素设置样式时，后代元素也会自动继承父类的样式。比如 color 属性设置字体颜色，后代自动继承。CSS3 的继承特性，一定程度上简化了代码的操作。

在 CSS3 中，不是所有的属性都可以继承,只有以 color/font-/text-/line 开头的属性才可以继承，且不是仅儿子才可以继承，只要是后代就可以继承。

继承

例如下面这段代码中,<p>标签会继承<div>标签所设置的字体颜色为红色的样式。其显示效果如图 3-36 所示。

图 3-36　样式继承案例显示效果

```
<!DOCTYPE html>
<html lang="en">
<head>
    <meta charset="UTF-8">
    <title>CSS3 继承实例</title>
    <style>
        div {
            color:red;
            border:1px solid silver;
            height: 100px;
```

```
                width: 300px;
            }
        </style>
    </head>
    <body>
    <div>
        <p>段落中段文字继承 div 的红色样式</p>
    </div>
    </body>
</html>
```

3.7.2　层叠和优先级

正如 CSS3 的中文名字(层叠样式表)蕴含的意义，层叠是 CSS3 一个重要的特性。在 CSS3 中，层叠有两个含义：

(1) 当多个选择器作用到同一个对象时，如果设置的是不同的样式，则会有叠加效果。如下面这段代码中，首先通过元素选择器 p，将 <p>标签中的文字颜色设置为 pink，又通过 id 选择器 #p1，将<p>标签中的字体大小设置为 24 px、居中显示。最终的层叠样式显示效果如图 3-37 所示。

层叠和优先级(一)

```
<!DOCTYPE html>
<html lang="en">
<head>
    <meta charset="UTF-8">
    <title>层叠案例-1</title>
    <style>
        p {
            color: pink;
        }
        #p1 {
            font-size: 24px;
            text-align: center;
        }
    </style>
</head>
<body>
    <p id="p1">这是一段文字</p>
</body>
</html>
```

图 3-37　层叠样式显示效果

(2) CSS3 处理冲突的能力：当同一个元素被两个选择器选中，且给同一个标签设置相同的属性时，CSS3 会根据选择器的权重决定使用哪一个选择器。权重低的选择器效果会被权重高的选择器效果覆盖(层叠)。

CSS3 选择器的权重是这样规定的：标签选择器的权重为 1，类选择器的权重为 10，ID选择器的权重为 100。而继承的权重最低，可理解为继承的权重为 0.1。如下面这段代码中，标签选择器 p(权重为 1)将文字颜色设置为了 pink，类选择器.first(权重为 10)将文字颜色设置为了 #ff0000(红色)。因为类选择器的权重大于标签选择器的权重，所以最终<p class="first">中的文字在网页中显示的颜色为红色。

```
<!DOCTYPE html>
<html lang="en">
<head>
    <meta charset="UTF-8">
    <title>CSS 优先级案例</title>
    <style>
        p {
            color：pink;
        }
        .first {
            color: #ff0000;
        }
    </style>
</head>
```

```
<body>
    <p class="first">这是一段普通的文字</p>
</body>
</html>
```

如果作用于同一个网页元素的两个选择器权重相同，那么在后面设置的样式会覆盖掉前面设置的样式。这也就容易理解我们前面学习的网页文件中使用样式表的 3 种方式：行内样式、内部样式和外部样式。它们之间的优先级为：

层叠和优先级(二)

行内样式(内联样式表)＞内部样式(嵌入样式表)＞外部样式(外部样式文件)

CSS3 定义了一个"!important"命令，该命令被赋予最大的优先级。也就是说，不管权重、样式的位置远近如何，"!important"都具有最大的优先级。"!important"命令在使用时，必须位于属性值和分号之间，否则无效。例如我们在外部样式文件 mystyle.css 中定义了一个用"!important"命令定义的样式：

```
#header {
    color:red!important;
}
```

在下面这段 HTML5 文件中，内部样式定义的样式颜色为 blue，行内样式定义的样式颜色为 yellow。外部样式表文件中，使用!important 指令定义的颜色为 red。

```
<!DOCTYPE html>
<html lang="en">
<head>
    <meta charset="UTF-8">
    <title>! important 命令实例</title>
    <link rel="stylesheet" href="mystyle.css">
    <style type="text/css">
        #header {
            color:blue;
        }
    </style>
</head>
<body>
    <p id="header" style="color:yellow;">
        !important 命令的样式优先级最高
    </p>
</body>
</html>
```

在浏览器中，网页中<p>标签的文字显示为红色，也就是说外部样式表 mystyle.css 中，用"!important"命令定义的样式拥有最高的优先级。

3.8 浮动与定位

3.8.1 浮动：float

网页中的元素在浏览器中显示时，是按照标准流的方式进行布局的，也就是说按照网页文件中 HTML5 标签编写的顺序依次从上到下、从左到右排列。块级元素占一行，行内元素在一行之内从左到右排列，先写的排在前面，后写的排在后面，每个盒子都占据自己的位置。依次显示在浏览器中。例如下面这段代码中，因为\<div>是块级元素，所以该标签的内容会独占一行。\<span>是行内元素，该标签中的内容会依次显示，直到碰到其父元素的边界。其显示效果如图 3-38 所示。

浮动

图 3-38　普通流网页显示效果

```
<!DOCTYPE html>
<html lang="en">
<head>
    <meta charset="UTF-8">
    <title>普通流网页实例</title>
    <style>
        div {
            width: 100px;
            height: 100px;
            border: 1px solid silver;
        }
    </style>
```

```
    </head>
    <body>
        <div>div 中的内容</div>
        <span>第一个 span 的内容</span>
        <span>第二个 span 的内容</span>
    </body>
    </html>
```

在网页设计中，要将多个块级元素在一行内显示，需要使用浮动样式。浮动样式的基本语法为：

　　　　float: left | right | none

其中，"left | right | none"分别表示左浮动、右浮动和不浮动，默认情况下元素是不浮动的，即按照标准的文档流在浏览器中显示。

浮动是网页元素脱离了原来的标准文档流，实现向左或向右移动，直到该元素的外边框碰到父元素的边框或另外一个浮动元素的边框为止。

例如下面这段代码中，使用<div>标签定义了 3 个框，因为<div>是块级元素，所以 3 个框默认情况下都是独占一行的。其显示效果如图 3-39 所示。

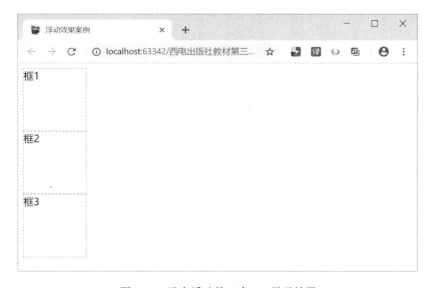

图 3-39　没有浮动的三个 div 显示效果

```
<!DOCTYPE html>
<html lang="en">
<head>
    <meta charset="UTF-8">
    <title>浮动效果案例</title>
    <style>
        div {
            border: 1px dashed silver;
```

```
                width: 100px;
                height: 100px;
            }
        </style>
    </head>
    <body>
        <div id="div1">框 1</div>
        <div id="div2">框 2</div>
        <div id="div3">框 3</div>
    </body>
</html>
```

将第一个 div 设置为右浮动，即将该 div 的 float 属性设置为 right：

```
#div1 {
    float: right;
}
```

此时这个 div 就会向右浮动，直到遇到父容器的边框为止，这个例子中 3 个<div>的父容器为浏览器，所以这个 div 就会向右浮动到浏览器的边框为止。第一个<div>向右浮动后，就会脱离原来所在的文档流，它所在的位置会被后面的元素依次填充。其显示效果如图 3-40 所示。

图 3-40 右浮动显示效果

我们把第一个<div>的 float 属性设置为 left，背景色设置为白色(#fff)，将第二个<div>的宽度和高度分别设置为 200 px，背景色设置为银色(silver)：

```
#div1 {
    float: left;
```

```
        background-color: #fff;
    }
    #div2 {
        height: 200px;
        width: 200px;
        background-color: silver;
    }
```

这三个 div 的显示效果如图 3-41 所示。

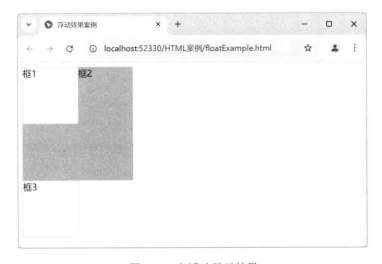

图 3-41　左浮动显示效果

出现这种显示效果的原因是：第一个 div 设置为左浮动后，就脱离了原来标准的文档流，它原来的位置会被后面的 div 依次填充，但第一个 div 是浮动的，所以它显示在了第二个 div 的上方。

虽然浮动可以让网页元素实现较为灵活的布局，但是浮动也会带来一些副作用。例如下面这段代码中，定义了一个父级 div，其中包含了两个子级 div，在没有浮动时，显示效果如图 3-42 所示。

```html
<!DOCTYPE html>
<html lang="en">
<head>
    <meta charset="UTF-8">
    <title>清除浮动案例</title>
    <style>
        div {
            border:1px dashed silver;
        }
        #son1 {
            height: 100px;
```

```
                width: 100px;
                background:#ccc;
            }
            #son2 {
                height: 100px;
                width: 100px;
                background: blue;
            }
        </style>
    </head>
    <body>
    <div id="father">
        <div id="son1"></div>
        <div id="son2"></div>
    </div>
    </body>
    </html>
```

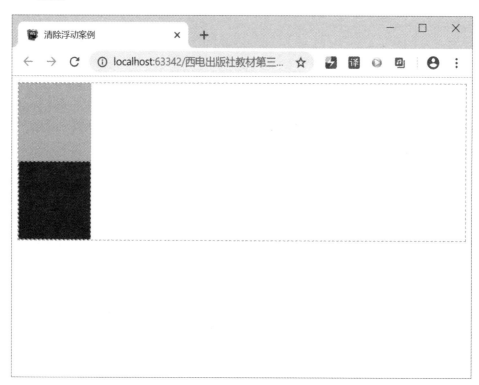

图 3-42　子元素没有浮动的显示效果

　　上面这段代码中，并未设置父元素的 div 宽度和高度，但它的高度会被两个子元素 div 撑开，宽度默认为整个浏览器窗口宽度。

若我们将两个子元素 div 的 float 属性均设置为 left，即

```
#son1 {
    float: left;
}
#son2 {
    float: left;
}
```

则会得到如图 3-43 的显示效果。

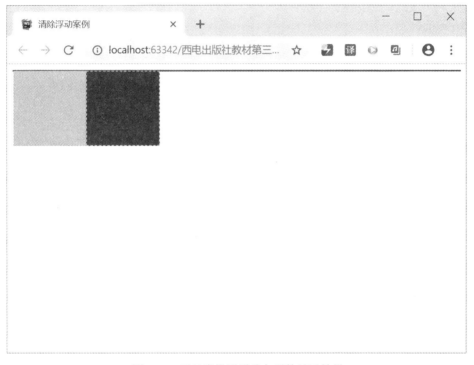

图 3-43　子元素设置浮动之后的显示效果

当两个子元素 div 设置为左浮动(float:left)后，父级元素就没有了内容，无法撑起来，所以就缩成了一条细线。

在实际网页设计中，需要避免这种因子元素浮动而导致父级元素"塌陷"的情况，这时就要使用清除浮动样式来实现。其语法格式为：

```
clear: right | left | both;
```

其中，"right | left | both"分别表示清除右浮动、清除左浮动和清除左右浮动。

可以在最后一个子元素的后面加一个空的 div，将它的样式属性 clear 设置为 both 来解决该问题；或将父级元素的 overflow 属性设置为 hidden 来解决该问题。

最终的代码为：

```
<style >
#clearfloat {
        border:none;
```

```
            clear:both;
        }
        </style>
    </head>
    <body>
    <div id="father">
        <div id="son1"></div>
        <div id="son2"></div>
        <div id="clearfloat"></div>
    </div>
```

其显示效果如图 3-44 所示。

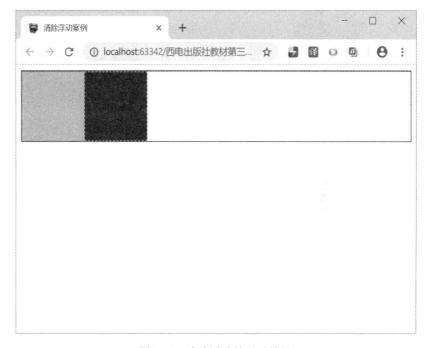

图 3-44　清除浮动的显示效果

3.8.2　定位：position

当一个网页元素设置浮动样式脱离了标准的文档流后，要将其放在网页的指定位置，就需用到相关的定位技术。在 CSS3 中，设置网页元素的位置通过两个步骤来实现：

首先使用 position 属性来设置定位的方式；然后使用 top、left、right 或 bottom 属性来设置元素的具体位置或偏移量。

定位

1. position 属性

position 属性用于设定网页元素的定位类型。其基本的语法格式为：

position: static | relative | fixed | absolute;

其中：

(1) static：position 属性的默认值，表示没有定位。元素按照标准的文档流顺序显示在浏览器中。

(2) fixed：将网页元素的 position 属性设置为 fixed，则该元素的定位方式为固定定位，具体位置是相对于浏览器窗口的，通常用于实现相对于浏览器位置固定不变的显示效果。如我们打开京东网站的首页，如图 3-45 所示。

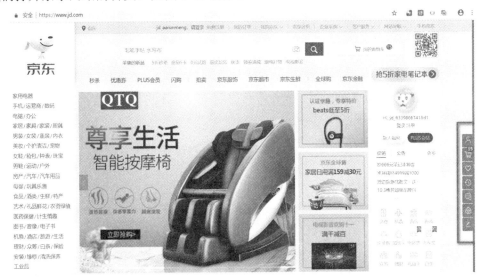

图 3-45　京东网站首页

在浏览器窗口右侧中间位置有几个竖排的按钮，不管窗口上、下怎么滚动，这排按钮相对于浏览器窗口的位置是固定不变的，这个效果就是通过固定定位的方式实现的。

(3) relative：将网页元素的 position 属性设置为 relative，可实现相对定位的效果，其位置是相对于该元素原来的位置来定位的。可通过 top、left、right 和 bottom 4 个属性来设置该元素分别相对于原来的上、左、右和底的偏移量，设置其位置。

相对定位

注意：相对定位的网页元素还在标准的文档流中，也就是说该元素仍然占用它原来的位置。

下面这段代码共定义了 3 个 div，id 为"container"的 div 是外围的容器，其中有两个 id 为"inner1""inner2"的 div，在未设置定位方式的情况下，这 3 个 div 都是按照标准的文档流显示，显示效果如图 3-46 所示。

```
<!DOCTYPE html>
<html lang="en">
<head>
    <meta charset="UTF-8">
    <title>relative 定位实例</title>
    <style>
        #container {
            width: 250px;
```

```
            height: 250px;
            border: 1px solid silver;
            margin: 0px auto; /* 该 div 在浏览器水平居中显示 */
        }
        #inner1 {
            width: 100px;
            height: 100px;
            border: 1px solid pink;
        }
        #inner2 {
            width: 100px;
            height: 100px;
            border: 1px solid skyblue;
        }
    </style>
</head>
<body>
    <div id="container">
        <div id="inner1"></div>
        <div id="inner2"></div>
    </div>
</body>
</html>
```

图 3-46　未设置定位方式的 3 个 div 的显示效果

我们把 id 为"inner1"的 div 的 position 属性设置为"relative"，并将其 top 属性设置为 30：

```
#inner1 {
        width: 100px;
        height: 100px;
        border: 1px solid pink;
        position: relative;
        top: 30px;
}
```

上面这段代码表示这个 div 相对于其原来位置的上边偏移 30 px，也就是说这个 div 向下移动了 30 px。因为是相对定位，所以该 div 仍然占用它原来所在的位置，向下偏移 30 px 和第二个 div 叠加在一起，并显示在第二个 div 上方。其显示效果如图 3-47 所示。

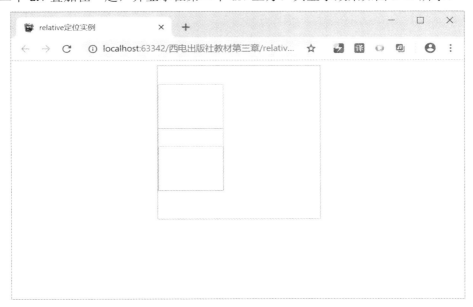

图 3-47　相对(relative)定位显示效果

(4) absolute：将网页元素的 position 属性设置为 absolute，可实现绝对定位。绝对定位的元素的位置相对于最近的已定位的祖先元素，如果该元素没有已定位的祖先元素，那么它的位置相对于最初的包含块。设置为绝对定位的元素将脱离标准文档流，其原来占据的位置会被空出来。

绝对位置(absolute)

把上一段代码中 id 为"inner1"的 div 定位方式修改为"absolute"：

```
#inner1 {
        width: 100px;
        height: 100px;
        border: 1px solid pink;
```

```
        position: absolute;
        top: 30px;
    }
```

其显示效果如图 3-48 所示。

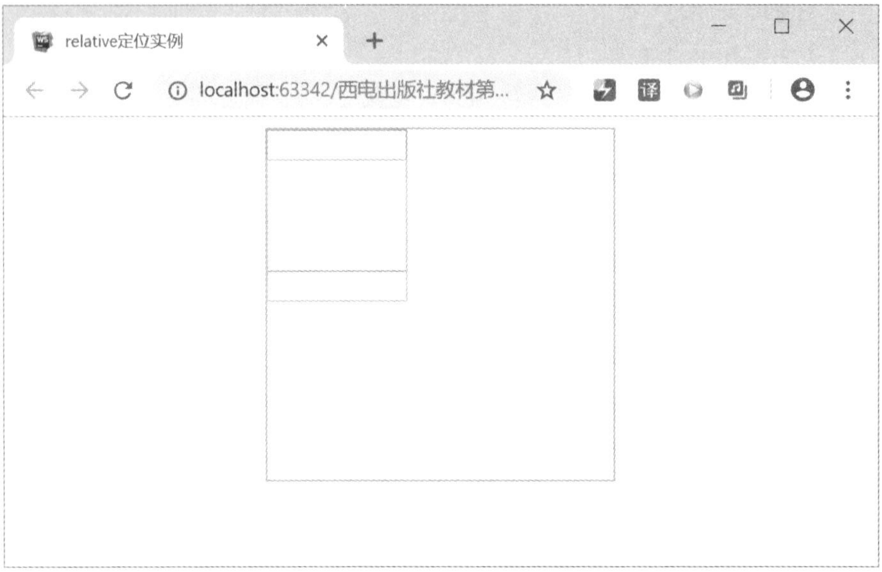

图 3-48　绝对定位(absolute)显示效果

id 为 inner1 的 div 的定位方式设置为 absolute 后，会脱离原来的标准文档流，它的位置由 top 属性所设置的 30px 定位在父容器上面向下偏移 30 px 的位置，所占用的位置被 id 为 inner2 的 div 填充。

2. top、left、right 和 bottom 属性

通过设置元素的 position 属性确定了元素的定位方式后，网页元素在浏览器中的具体位置需通过 top、left、right 和 bottom 这 4 个属性来设置。这 4 个属性分别用于设定相应元素距离上边、左边、右边和下边的偏移量。在网页设计中，使用 top 和 left 属性设置偏移量的情况居多。例如在上面的网页中加入一个 div，id 为"logo"，然后把它的定位方式设置为"fixed"，top 属性设置为"100px"，right 属性设置为"0px"：

定位的相关属性

```
#logo {
        width: 50px;
        height: 439px;
        background:url("./images/jdrightlogo.png") no-repeat;
        position:fixed;
        top: 100px;
        right: 0px;
    }
```

这样就可实现不管浏览器窗口如何滚动，这个 div 始终显示在浏览器最右侧，距离浏

览器上方 100 px 的位置。其显示效果如图 3-49 所示。

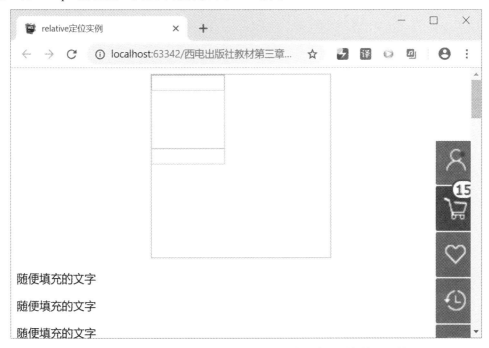

图 3-49　使用 fixed 定位实现 div 相对于浏览器窗口固定的显示效果

3.9　案例：腾讯网首页搜索框布局

通过前几节的学习，我们掌握了 CSS3 的基本概念、CSS3 选择器的使用方法、使用 CSS3 对网页中的文本进行样式控制的基本方法，以及使用盒子模型、浮动与定位实现对网页元素在网页中的位置进行控制等。在实际网页设计中，需要综合运用以上所学知识点，才能设计出满足客户需求的网页。这一节我们来设计腾讯网首页中的搜索框，显示效果如图 3-50 所示。

腾讯网首页搜索框布局案例(一)

图 3-50　腾讯网首页搜索框

这个搜索框的左边是腾讯网的 Logo，中间是一个文本搜索框，当鼠标移动到文本框左侧时，会显示一个下拉菜单，鼠标单击菜单选项后，所选择的文字会更新到文本框左侧。其显示效果如图 3-51 所示。搜索框右边是 3 个按钮，当鼠标移动到相应按钮上，按钮的背景图片会切换到高亮的背景图，达到背景加亮的显示效果。

图 3-51　下拉菜单

3.9.1　左、中、右 3 栏居中布局

根据内容和表现形式分离的网页设计原则，首先用
<div>标签设计一个在浏览器中居中显示的"容器"，把
左边的腾讯 Logo、中间的搜索框及右边的 3 个按钮，放
在这个容器中。其代码如下：

腾讯网首页搜索框布局案例(二)

```
<!DOCTYPE html>
<html lang="en">
<head>
    <meta charset="UTF-8">
    <title>仿腾讯网首页搜索框案例</title>
</head>
<body>
    <div id="container">
        <div id="left">
        </div>
        <div id="center">
        </div>
        <div id="right">
        </div>
    </div>
</body>
</html>
```

其中 id 属性值为"container"的 div 是外部的"容器"，用于实现整个网页居中显示的效
果；id 属性值为"left"的 div，用于放置左侧的腾讯 Logo 图片；id 属性值为"center"的
div，用于放置中间的搜索框和搜索按钮；id 属性值为"right"的 div，用于放置最右边的
3 个按钮。

内容设计好了之后，使用样式表来实现容器及左、中、右这 3 部分内容的布局。在设

计网页布局过程中，通常要先设置 div 的边框样式，让 div 的边框显示出来，便于看出不同 div 的具体位置和大小。

1. 容器 div 居中显示

将 div 的上、下外边距(margin)的上下值设置为 0，左、右外边距设置为"auto"，即可实现 div 居中显示的效果。这个容器的宽和高要根据网页美工设计图案的要求来设置。这个案例中，我们把容器的宽设置为 906 px，高设置为 52 px。

```
#container {
        margin: 0px auto;
        width: 906px;
        height: 52px;
        border: 1px solid red;
    }
```

2. 容器中的 3 个 div 的样式

通过观察和分析腾讯网首页搜索框的 3 个组成部分，我们需要将左边的 div 浮动方式设置为左浮动，右边的 div 设置为右浮动。因为没有居中浮动的样式，所以我们只能先将中间的 div 浮动方式设置为左浮动，然后在中间这个 div 中再设置一个居中显示的 div，把搜索框和按钮放在当中，通过这种方式来实现中间 div 中的内容居中显示效果。其 HTML5 代码如下：

```
<div id="center">
        <div id="inner">
        </div>
    </div>
```

根据上面的分析，这几个 div 的浮动和边框设置代码如下：

```
#left {
        float:left;
        width:200px;
        height:50px;
        border:1px solid green;
    }
#right {
        float:right;
        width:200px;
        height:50px;
        border:1px solid green;
    }
#center {
        width:500px;
        height:50px;
```

```
        float:left;
        border:1px solid blue;
    }
    #center #inner {
        width:440px;
        height:50px;
        background: silver;
        margin:0px auto;
    }
```

这几个 div 的宽、高，需要根据美工的设计样图具体设置。设置好相关的样式后，这几个 div 在浏览器中的显示效果如图 3-52 所示。

图 3-52　div 显示效果

3.9.2　左侧的腾讯 Logo 图片

在实际网站设计中，通常要把图片单独放在一个目录中，这个目录一般命名为 images。腾讯 Logo 对应的图片文件"qq_logo_2x.png"就放在该目录中。

腾讯网首页搜索框布局案例(三)

左、中、右 3 栏的布局设置好之后，只需要把腾讯的 Logo 放置在左侧 div 中，HTML5 代码如下：

```
    <div id="left">
        <a href="#"><img src="./images/qq_logo_2x.png"/> </a>
    </div>
```

然后再根据实际要求的大小，设置一下图片对象的样式，调整图片的宽和高即可。相关的 CSS3 代码如下：

```
    #left img {
        display:block;
        margin:0px auto;
        height:35px;
        margin-top:8px;
    }
```

在浏览器中预览一下，就能看到腾讯的 Logo 按照我们设定的高度显示在左侧的 div 当中。其显示效果如图 3-53 所示。

图 3-53　腾讯 Logo

3.9.3　中间的搜索框

1. 实现搜索框的内容

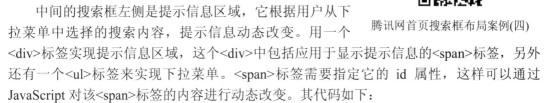

腾讯网首页搜索框布局案例(四)

中间的搜索框左侧是提示信息区域，它根据用户从下拉菜单中选择的搜索内容，提示信息动态改变。用一个<div>标签实现提示信息区域，这个<div>中包括应用于显示提示信息的<span>标签，另外还有一个<ul>标签来实现下拉菜单。<span>标签需要指定它的 id 属性，这样可以通过 JavaScript 对该<span>标签的内容进行动态改变。其代码如下：

```
<div id="inner_prompt">
    <span id="inner_span">网页</span><span></span>
    <ul id="menuitem">
        <li><a href="#">网页</a></li>
        <li><a href="#">图片</a></li>
        <li><a href="#">视频</a></li>
        <li><a href="#">音乐</a></li>
        <li><a href="#">地图</a></li>
        <li><a href="#">问问</a></li>
        <li><a href="#">百科</a></li>
        <li><a href="#">新闻</a></li>
        <li><a href="#">购物</a></li>
    </ul>
</div>
```

搜索框的中间部分是一个文本输入框，用于接收用户输入的搜索内容：

```
<input type="text" id="inner_txtinput"/>
```

搜索框的右边是一个搜索按钮：

```
<input type="button" id="inner_btn" value="搜狗搜索"/>
```

2. 定义搜索框的样式

要实现如图 3-54 所示搜索框内容的布局，需要将提示信息区域、文本框和搜索按钮的浮动方式设置为左浮动，然后再根据实际要求，设置大小、颜色和边框属性。

网页 ∨　　　　　　　　　　　　　　　　　　搜狗搜索

图 3-54　搜索框内容布局

<span>标签和搜索按钮的 4 个角都是圆角，这个显示效果，可用 CSS3 新增加的"border-radius"样式来实现。

1) 提示信息区域的样式设置

搜索框提示信息是用一个<div>标签作为容器，把具体显示提示信息的<span>标签和下拉菜单<ul>标签放在该容器中，统一设计该容器的边框、宽度和浮动方式，并将其定位属性(position)设置为相对定位(relative)。其代码如下：

```
#inner #inner_prompt {
    float:left;
    width:72px;
    margin-top:8px;
    height:34px;
    border:1px solid #DFDFDF;
    border-right:none;
    border-top-left-radius: 18px;
    border-bottom-left-radius: 18px;
    background: #f3f6f8;
    position:relative;
}
```

2) 文本框和搜索按钮的样式设置

文本框和搜索按钮的样式设置相对简单，只需根据美工设计方案，设置一下文本框的宽度、高度和边框属性即可。其样式设置如下：

```
#inner #inner_txtinput {
    height:32px;
    margin-top:8px;
    width:280px;
    background: #F3F6F8;
    float:left;
    border:1px solid #DFDFDF;
    border-left: none;
    border-right:none;
    font-size: 32px;
}
#inner #inner_btn {
    height: 36px;
    margin-top:8px;
    margin-left:-24px;
    width:100px;
    background: #1479D7;
    float:left;
    border:none;
    border-radius:18px;
    color:#fff;
    font-size:18px;
}
```

3) 下拉菜单的样式设置

下拉菜单的默认显示方式是隐藏的，当鼠标移动到提示信息显示区域时，下拉菜单才会显示出来，鼠标移出或单击相关菜单后，下拉菜单就隐藏起来。网页元素是否显示出来，可通过设置该对象的 display 属性来实现。

当鼠标移入提示信息显示区域时，下拉菜单能够显示在下方，是通过设置下拉菜单的 <ul> 元素的定位方式和具体的位置来实现的。这里，将其定位方式(position)设置为绝对定位(absolute)，然后将其定位位置设置为靠左、上方偏移 20px。其样式设置如下：

```
#inner #inner_prompt #menuitem {
        width: 50px;
        list-style: none;
        padding:0px 0px 0px 16px;
        font-size:16px;
        height:auto;
        line-height:30px;
        position:absolute;
        left:0px;
        top:20px;
        display:none;
        background:#fff;
    }
```

4) 提示信息显示区右侧箭头的样式设置

提示信息显示区右侧有一个默认状态向下的箭头 ˅ ，当鼠标移入时，这个小箭头会变成向上的状态 ˄ 。这个动态效果是通过设置 <span> 标签的背景图方式来实现的。这两个箭头图案在同一个背景图文件中，如图 3-55 所示。

默认状态下，把 <span> 标签的背景图设置为不重复 (no-repeat)，其坐标偏移分别为左偏移 40px、上偏移 14px，即可显示出向下的箭头：

图 3-55　设置<span>标签的背景图

```
#inner #inner_prompt #inner_span {
        height:34px;
        line-height:34px;
        display:block;
        margin-left:18px;
        color: #404040;
        font-size:16px;
        overflow: hidden;
        background:url("./images/so_arr.png") no-repeat 40px 14px;
    }
```

当鼠标移入时，我们通过设置 <span> 标签的鼠标移入伪选择器 hover 来实现，也就是当鼠标移入时，将背景图切换为向下的箭头即可。这也是通过设置背景图的 position-x 和 position-y 属性来实现的：

```
#inner #inner_prompt #inner_span:hover {
    background:url("./images/so_arr.png") no-repeat 40px -16px;
}
```

3.9.4　右侧的 3 个按钮

1. 左边的两个按钮

左边的这两个按钮，实际上是两个超链接。

为了能设置这两个超链接的宽、高和浮动方式，需要将它们默认的显示方式设置为"块级元素(block)"，然后将它们的背景图统一设置为"icons.png"。需要注意的是，要把背景图的填充方式设置为不重复(no-repeat)，并且把<a>标签的溢出显示方式(overflow)设置为隐藏(hidden)。其代码如下：

腾讯网首页搜索框布局案例(五)

```
#container #right a {
    display:block;
    float:right;
    width:24px;
    height: 24px;
    line-height:24px;
    overflow:hidden;
    background:url("./images/icons.png") no-repeat;
    padding:0px 10px;
}
```

这两个超链接的鼠标移入、移出的动态效果，是通过切换不同的背景图来实现的。例如邮件超链接在默认情况下显示的是"icons.png"背景图左偏移 0 px、上偏移−100 px 的图像：

```
#container #right a.email {
    background-position: 0px -100px;
    margin-top:8px;
}
```

鼠标移入时，我们把背景图的左偏移设置为 0px、上偏移设置为−150 px，显示的就是"icons.png"背景图中的另一个图像：

```
#container #right a.email:hover {
    background-position: 0px -150px;
}
```

2. 最右侧的登录按钮

最右侧登录按钮的实现原理和左侧两个超链接的实现方式相同。默认状态下，显示的

是有背景的"登录"两个字，且无边框。需要注意的是，这个超链接的 height 和 line-height
属性设置为同样大小(36 px)，可实现文字垂直居中的显示效果。其代码如下：

```
#container #right a.login {
    display:block;
    width:36px;
    height: 36px;
    overflow:hidden;
    line-height:36px;
    float:right;
    font-size:16px;
    background: #F5F5F5;
    color:#60A5E4;
    padding-left:10px;
}
```

腾讯网首页搜索框布局案例(六)

当鼠标移入要显示 1px 的外边框时，需要把这个超链接的宽和高各减掉 2 px，设置为
34 px，这样鼠标移入、移出时，才不会出现抖动的现象：

```
#container #right a.login:hover {
    border:1px solid #CCE1F3;
    width:34px;
    height:34px;
    line-height:34px;
}
```

练习与实践

一、选择题

1. 下列关于 CSS3 规则的选项中，正确的是(　　)。

A. body:color = black

B. {body; color:black;}

C. body { color:black; }

D. {body color:black; }

2. 盒子模型中，表示四边的内边距的关键字是(　　)。

A. border

B. padding

C. margin

D. decoration

3. 盒子模型中，设置 margin 属性时，如果提供 4 个参数值，则所指的四边顺序是(　　)。

A. 上、下、左、右

B. 上、左、下、右

C. 左、右、上、下

D. 上、右、下、左

4. 要把超链接的显示方式修改为"块级元素"，应使用代码(　　)。

A. display:block;

B. float:left;

C. display:none;

D. float: none;

5. 使用十六进制方式表示红色的是(　　　)。

A. #00ff00　　　　　　　　　　　B. #ff0000

C. #0000ff　　　　　　　　　　　D. #f0f0f0

6. 下列 CSS3 代码中，可以把网页中已访问过的超链接的颜色设置为"#800000"的是
(　　　)。

A. A:link { color: #800000; text-decoration: none}

B. A:visited { color: #800000; text-decoration: none}

C. A:active { color: #800000; text-decoration: none}

D. A:hover { color: #800000; text-decoration: none}

7. 对"<p>这是一段测试文字</p>"这段文字，要将其文本对齐方式设置为靠右对齐，
以下样式写法正确的是(　　　)。

A. p{text-align:center;}　　　　　B. p{ text-align:justify;}

C. p{ text-align:right;}　　　　　D. p{ text-align:left;}

8. 下列选项中，能将所有段落内的文字设置为标准粗体的 CSS 代码是(　　　)。

A. <p style="font-size: bold;"></p>　　　B. <p style="font-weight: bold;"></p>

C. p { font-size: bold; }　　　　　D. p { font-weight: bold; }

9. 下列选项中，优先级最高的样式是(　　　)。

A. 标签选择器样式　　　　　　　B. id 选择器样式

C. class 选择器样式　　　　　　　D. 行内样式

10. 下列选项中，属于行内元素的是(　　　)。

A. <p></p>　　　　　　　　　　　B. <div></div>

C. <span></span>　　　　　　　　D. <pre></pre>

11. 可去掉文本超链接默认的下划线的是(　　　)。

A. a { text-decoration:no underline; }　　　B. a {underline:none;}

C. a { text-decoration:none;}　　　D. a {underline:false;}

12. 盒子模型中，p{margin：20px 10px}这个 CSS3 规则的效果是(　　　)。

A. 仅设置了上边距为 20 px，右边距为 10 px

B. 仅设置了上边距为 20 px，下边距为 10 px

C. 设置了上、下边距为 20 px，左、右边距为 10 px

D. 设置了上、右边距为 20 px，下、左边距为 10 px

13. 在 HTML5 文档中，引用外部样式表的正确位置在(　　　)。

A. 文档末尾　　　　　　　　　　B. 文档顶部

C. <head></head>　　　　　　　　D. <body>中

14. 以下 CSS3 长度单位中，属于相对长度单位的是(　　　)。

A. pt　　　　　B. em　　　　　C. in　　　　　D. cm

二、填空题

1. CSS 的全称是_____，单独的样式表文件扩展名一般为_____。

2. 如果某个样式将会应用到页面上的多个元素，则应该用_____来设置这个样式。

3. 使用样式表来设置网页元素的具体位置，可以通过 left、_____、_____、_____ 4 个属性来实现。

4. 设置背景图像在水平方向平铺的样式是_____；设置背景图像位置的属性是_____。

5. 有以下 CSS3 样式代码：

```
<html>
  <head>
    <style type="text/css">
    p{color:blue}
    p.stop{color:red}
    p#warning{color:yellow}
    p.normal{color:green}
    </style>
  </head>
  <body>
    <p>①第一种样式</p>
    <p class="stop">②第二种样式</p>
    <p id="warning">③第三种样式</p>
    <p class="normal">④第四种样式</p>
    <p id="exception">⑤第五种样式</p>
  </body>
</html>
```

上面的程序中使用了 CSS3 的嵌入样式，① 处文字显示的颜色为_____，② 处文字显示的颜色为_____，③ 处文字显示的颜色为_____，④ 处文字显示的颜色为_____，⑤ 处文字显示的颜色为_____。

三、实践题

1. 使用 DIV+CSS3 实现一个 3 栏的页面布局，即将页面分隔为左、中、右 3 栏排版布局，如图 3-56 所示。

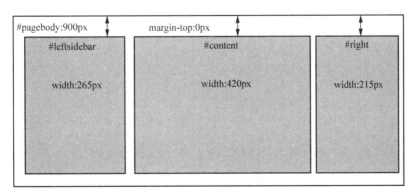

图 3-56　左中右版式

2. 使用 DIV+CSS3 实现如图 3-57 所示的新加坡校友录网页。

图 3-57　新加坡校友录网页

第 4 章　JavaScript

JavaScript 是 1995 年由 Netscape 公司在网景导航者浏览器(Navigator)上设计的一种脚本语言，用于给网页增加各式各样的动态功能，例如在网页上动态显示时间、检查用户表单中数据输入的完整性等。

网页开发中，HTML5 定义了网页元素的内容，CSS3 描述了网页中各元素的布局，而 JavaScript 则用于定义网页元素的行为，三者各司其职，完成各种各样、丰富多彩的网页设计。

4.1　JavaScript 概述

JavaScript 是一种解释性的脚本语言，它具有以下特点：

(1) 代码可以嵌入在网页中，或写在单独的文本文件中。

(2) JavaScript 的代码无需编译，由浏览器解释执行。

(3) 用于添加 HTML5 元素的交互行为。

(4) 具有跨平台的特性，在浏览器的支持下，可在 Android、Windows 和 Linux 等平台上运行。

JavaScript 和其他编程语言一样，有自己的语法格式和规定，如基本的数据类型、表达式、运算符和基本的程序框架等，也提供了字符串、数组和对象等扩展数据类型，是一种面向对象的编程语言。

在网页中引入 JavaScript 的代码有两种方式：一是使用<script>标签，将代码直接嵌入在网页中；二是将代码放在单独的文本文件中，该文件的扩展名一般为".js"，然后使用<script>标签的 src 属性，将代码引入到网页中。

4.1.1　使用<script>标签直接嵌入 JavaScript 代码

在网页文件中，可以把 JavaScript 代码放在<script></script>标签之间，当浏览器解释到<script>标签时，就会执行其中的代码。

例如下面这段代码中，使用 JavaScript 函数 alert 在浏览器中显示一个简单的对话框，该对话框中显示为"Hello JavaScript!"，如图 4-1 所示。

使用<script>标签直接嵌入 JavaScript 代码

```
<!DOCTYPE html>
<html lang="en">
<head>
```

```
        <meta charset="UTF-8">
        <title>JavaScript 简介</title>
    </head>
    <body>
        <script>
            alert("Hello JavaScript!"); /* 弹出一个简单的对话框，显示"Hello JavaScript!" */
        </script>
    </body>
</html>
```

图 4-1   JavaScript 显示对话框

上面这段代码中的"alert"是 JavaScript 的一个显示对话框的函数。JavaScript 中每一行代码都由";"结束。

/* 和 */之间的信息是 JavaScript 的多行注释，也可以使用单行注释符号"//"，把注释内容写在"//"的后面。

4.1.2   引入外部 JavaScript 代码

一些简单代码可以放在<script></script>标签之间。按照内容和表现形式分离的设计原则，在实际网页设计中通常要将 JavaScript 的代码放在一个单独的文本文件中，其扩展名通常为".js"。

注意：存放 JavaScript 代码的文本文件中，不需要再使用 <script></script>标签。

引入外部 JavaScript 代码

例如单独创建一个文本文件，把该文件存放在"js"文件夹中，在该文件中写入下面的代码：

```
alert("Hello JavaScript!");
```

然后，在网页文件中使用\<script\>标签的"src"属性，指定要引用的 JavaScript 文件的 URL 地址，即可将代码引入到网页当中：

```
<script src="js/hello.js"></script>
```

这种引入方式可以达到和上一节案例同样的显示效果。

4.2　标识符、变量和数据类型

4.2.1　标识符

标识符是指变量、函数或属性的名称。JavaScript 中标识符的命名规则是：

(1) 首字符必须是字母、下划线或美元符号($);

(2) 其他字符可以是字母、下划线、美元符号($)或数字。

标识符

JavaScript 的标识符是严格区分大小写的，如变量 username 和 UserName 是两个不同的变量。在设计网页时，这一点要特别注意，不要与 HTML5 不区分大小写的特性混淆在一起。

JavaScript 这门语言自身用到了一些特定的词，这些词作为保留字在编程语言中被赋予特定含义。在给变量或函数命名时，不能使用 JavaScript 的保留字。JavaScript 语言的保留字如表 4-1 所示。

表 4-1　JavaScript 语言的保留字

abstract	arguments	boolean	break
byte	case	catch	char
class*	const	continue	debugger
default	delete	do	double
else	enum*	eval	export*
extends*	false	final	finally
float	for	function	goto
if	implements	import*	in
instanceof	int	interface	let
long	native	new	null
package	private	protected	public
return	short	static	super*
switch	synchronized	this	throw
throws	transient	TRUE	try
typeof	var	void	volatile
while	with	yield	

4.2.2　变量

变量在程序中是用来存储信息的容器,可以理解为一个命名的内存空间。JavaScript 是一种弱数据类型的编程语言。变量不区分数据类型,一个变量声明后,可存储任意类型的数据。

变量

JavaScript 使用 var 关键字来声明变量,如果要声明多个变量,多个变量名之间要用","分隔。例如我们要声明名字为 x、y 的两个变量,既可以这样分别声明:

```
var x;
var y;
```

也可以合在一起声明:

```
var x,y;
```

JavaScript 变量主要有两种类型:基本类型和引用类型。基本类型是指数值(Number)、字符串(String)、布尔类型(Boolean)等简单数据类型,引用类型是指对象(Object)、数组(Array)、日期(Date)、函数(Function)等数据类型。

4.2.3　基本数据类型

JavaScript 中有 5 种基本数据类型:Number、String、Boolean、Undefined 和 Null。

1. 数值类型(Number)

数值类型是一种基本的数据类型。在 JavaScript 中,既可使用原始数据,也可使用 Number 对象对原始数据进行封装。JavaScript 支持十进制、十六进制(以 0X 或者 0x 开头)和八进制(以 0 开头)的数据表示方法,也可使用 "number1" E "number2" 的科学计数法来表示数据。例如下面这段代码展示了表示数据的不同方法:

基本数据类型

```
var a,b,c;    //定义了 a、b、c 三个变量
a = 0x13;     //十六进制表示的数据
b = 014;      //八进制表示的数据
c = 3E5;      //科学计数法表示的数据,表示 3×10 的 5 次方
```

2. 字符串类型(String)

在 JavaScript 中,将字符放在两个 """" 之间来表示一个字符串。例如:

```
var str = "Hello world";
```

上面这段代码定义了一个名为 str 的字符串变量,存储的字符为 "Hello world"。

JavaScript 对 String 类型的数据提供了大量的属性和操作方法。例如可使用 length 属性来获取一个字符串中字符的个数,使用 toUpperCase 方法将字符串中所有的字符都转化为大写字符。字符串常用的方法和属性如表 4-2 所示。

表 4-2　字符串常用方法和属性

方法/属性	描　　述
length	返回字符串的长度
charAt()	返回指定索引位置的字符
concat()	连接两个或多个字符串，返回连接后的字符串
indexOf()	返回字符串中检索指定字符第一次出现的位置
lastIndexOf()	返回字符串中检索指定字符最后一次出现的位置
match()	找到一个或多个正则表达式的匹配
replace()	替换与正则表达式匹配的子串
search()	检索与正则表达式相匹配的值
slice()	提取字符串的片断，并在新的字符串中返回被提取的部分
split()	把字符串分割为子字符串数组
substr()	从起始索引号提取字符串中指定数目的字符
substring()	提取字符串中两个指定的索引号之间的字符
toLowerCase()	把字符串转换为小写
toString()	返回字符串对象值
toUpperCase()	把字符串转换为大写
trim()	移除字符串首尾空白
valueOf()	返回某个字符串对象的原始值

　　下面这段代码将字符串变量 str 中字符的个数，输出在浏览器的控制台中，如图 4-2 所示。在控制台窗口中，可以看到一个数字 11，表示字符串"Hello world"中字符的个数为 11(中间一个空格也计算在内)。

```
<!DOCTYPE html>
<html lang="en">
<head>
    <meta charset="UTF-8">
    <title>字符串属性和方法实例</title>
</head>
<body>
<script>
    var str = "Hello world";
    console.log(str.length);   //在浏览器的控制台输出字符串变量 str 中字符的长度
</script>
</body>
</html>
```

图 4-2　浏览器的控制台中显示字符串长度

注意：在浏览器中按 F12 键，可显示控制台(Console)。

3. 布尔类型(Boolean)

在 JavaScript 中，布尔类型数据的取值有两种：true 和 false。

4. 未定义类型(Undefined)

在 JavaScript 中，若定义了一个变量而未对其进行初始化，则使用该变量时会提示"undefined"。例如下面这段代码定义了一个变量 v1，但是未进行初始化，在控制台输出该变量时会显示"undefined"。

```
var v1;
console.log(v1);
```

5. 空类型(Null)

Null 是一个特殊的值，表示"非对象"的意思。在 DOM 模型中，使用 getElementById() 方法获取某个 HTML 元素对象时，如果所查找的对象不存在，就会返回一个"Null"。例如下面这段代码，因为所要获取的 id 号为"div1"的 HTML5 元素并不存在，所以在运行时会显示"Null"，表示该对象不存在。其显示效果如图 4-3 所示。

```
<!DOCTYPE html>
<html lang="en">
<head>
    <meta charset="UTF-8">
    <title>Null 数据类型实例</title>
</head>
<body>
<script>
    var obj = document.getElementById("div1");
    console.log(obj);
```

```
</script>
</body>
</html>
```

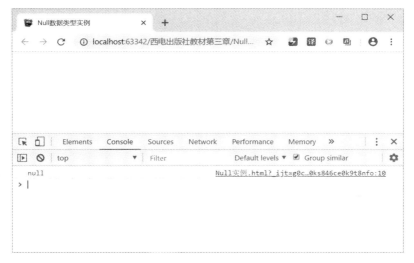

图 4-3　Null 数据类型实例

4.2.4　复合数据类型：数组

JavaScript 是一种面向对象的编程语言，包括字符串(String)、数值(Number)等在内的一切数据类型皆为对象。

复合数据类型是指由多种基本数据类型(包括复合类型)组成的数据体。在 JavaScript 中，数组(Array)是一种很重要的复合数据类型。

复合数据类型：数组

数组是指用一个单独的变量名存储的一系列数据，通过变量名加索引的方式来访问具体的数组元素。

注意： 在 JavaScript 中，数组元素的索引值从 0 开始编号，即第一个数组元素的索引值为 0，第二个数组元素的索引值为 1，其他元素以此类推。

JavaScript 中数组的定义方法非常灵活，在一个数组中，可以存储不同类型的数据，数组的大小(长度)可以动态变化，不存在数组访问越界等问题。

1．一维数组

使用[]运算符，或使用 new 操作符定义一个 Array()对象，都可创建一维数组。例如下面这段代码中，分别定义了 3 个数组 a、b 和 c，在控制台中的显示结果如图 4-4 所示。

```
<script>
    var a = [0,1,2];
    var b = [];
    var c = new Array();

    b[2] = "Hello JavaScript";
```

```
    c[0] = new Date();
    c[1] = 3E5;
//在控制台中输出数组 a、b、c 的指定元素
    console.log(a[1]);
    console.log(b[2]);
    console.log(c[0]);
</script>
```

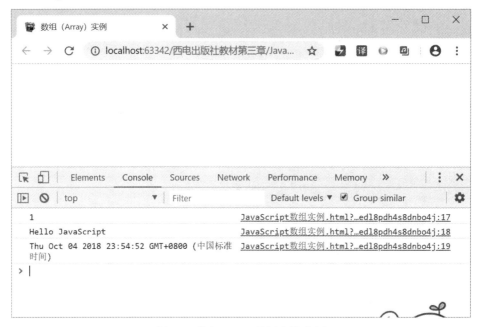

图 4-4　数组(Array)使用方法实例

数组 a 在定义时进行了初始化，第一个元素 a[0]的值为 0，第二个元素 a[1]的值为 1，第三个元素 a[2]的值为 2。

数组 b 在定义时未进行初始化，是一个空数组，但是在后面的代码中，我们直接对该数组的第三个元素 b[2]进行了赋值，将字符串 "Hello JavaScript" 存储在该元素中。

数组 c 是使用 new 操作符定义的一个 Array 对象。c[0]中存储的是一个 Date 对象，c[1]中存储的是一个数。

2. 二维数组和多维数组

JavaScript 不支持真正的多维数组，例如下面这种定义一个 10×10 的二维数组的方法，在 JavaScript 中是错误的：

```
    var two = new Array[10][10];
```

但我们可以利用 JavaScript 面向对象的特性，把数组作为一个数组元素的内容来实现二维或多维数组的定义。访问二维数组中的元素，使用两次 "[ ]" 操作符即可。

下面这段代码展示了定义与使用二维数组的方法。首先使用 new 操作符定义了一个 Array 对象，将其赋值给变量 two；然后在数组 two 的第一个元素 two[0]中存储了另一个 Array 对象。代码运行结果如图 4-5 所示。

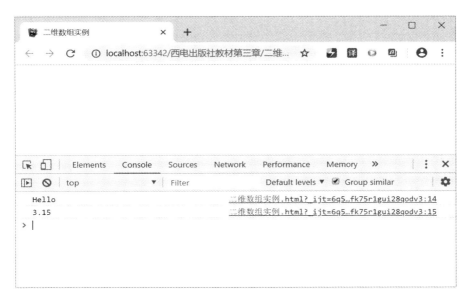

图 4-5　二维数组定义与使用实例

```
<!DOCTYPE html>
<html lang="en">
<head>
    <meta charset="UTF-8">
    <title>二维数组实例</title>
</head>
<body>
<script>
    var two = new Array();
    two[0] = new Array();
    two[0][1] = "Hello";
    two[0][2] = 3.15;
    console.log(two[0][1]);
    console.log(two[0][2]);
</script>
</body>
</html>
```

4.2.5　JavaScript 对象和 this 关键字

1. JavaScript 对象

在 JavaScript 中，对象只是带有属性和方法的特殊数据类型，几乎所有的事物都是对象。我们可以使用字符来定义和创建 JavaScript 对象，例如下面这段代码就创建了一个名字为

JavaScript 对象和 this 关键字

Person 的对象：

```
var Person = {
    firstName: "John",
    lastName: "Doe",
    age: 30,
    eyeColor: "Blue",
    information:function() {
        return this.firstName + "eye color is " + this.eyeColor;
    }
}
```

这个名为 Person 的对象，共有 4 个属性(firstName、lastName、age 和 eyeColor)和 1 个方法(information)。

访问对象的属性和方法的基本语法格式是：

```
对象名.属性名；
对象名.方法名()；
```

例如，要访问上面代码所定义的 Person 对象的 firstName 属性，可使用如下的代码：

```
console.log(Person.firstName);
```

访问 Person 对象的 information 方法的代码如下：

```
console.log(Person.information());
```

上面两行代码，可以把 Person 对象的 firstName 属性及 information 方法的返回值显示在控制台中。关于方法和函数的具体定义和使用方法，在后面的函数部分会做详细介绍。

2. JavaScript 的内置对象

为了便于使用，JavaScript 定义了很多内置的对象，常用的内置对象有 Number(数值)、String(字符串)、Date(日期)、Array(数组)、Boolean(布尔)、Math(数学)和 RegExp(正则表达式)等，这些对象提供了丰富的属性和方法。例如 Date(日期)对象提供了多种对日期进行操作的方法：

(1) get/setDate()：返回或设置日期。

(2) get/setFullYear()：返回或设置用 4 位数表示的年份。

(3) get/setYear()：返回或设置年份。

(4) get/setMonth()：返回或设置月份。0 为 1 月。

(5) get/setHours()：返回或设置小时，24 小时制。

(6) get/setMinutes()：返回或设置分钟数。

(7) get/setSeconds()：返回或设置秒钟数。

(8) get/setTime()：返回或设置时间(毫秒为单位)。

Math(数学)对象提供了对数字进行处理的方法：

(1) ceil()：向上取整。

(2) floor()：向下取整。

(3) round()：四舍五入。

(4) random()：取随机数。

使用这些内置对象和方法，可大大简化我们在程序开发中的编码工作，提高开发效率。这些内置对象相关属性、方法的具体使用方法在实际应用中可通过查阅 JavaScript 文档获得。

3. this 关键字

面向对象编程语言中 this 表示当前对象的一个引用，但在 JavaScript 中 this 不是固定不变的，它会随着执行环境的改变而改变，主要有以下几种情况：

(1) 在方法中，this 表示该方法所属的对象。

(2) 在函数中，this 表示全局对象。

(3) 在事件中，this 表示接收事件的元素。

例如上面定义的 Person 这个对象，在该对象的 information()方法中，使用 this 引用了该对象的 firstName 属性和 eyeColor 属性。

在使用 JavaScript 对网页元素进行控制时，经常要使用 this 关键字来引用当前接收事件的网页元素。

4.3 运算符与表达式

JavaScript 提供了丰富的运算符，可以进行算术、逻辑或赋值等运算，以实现对数据的运算和处理。主要有赋值运算符、算术运算符和逻辑运算符等。

4.3.1 赋值运算符

赋值运算符 "=" 用于进行赋值运算，实现把 "=" 右边的表达式的结果赋值给左边的变量。例如下面这段代码：

```
var a = 10;
a = a + 20;
```

首先定义了一个变量 a，然后通过 "=" 运算符将 "10" 这个数存储到变量 a 的内存空间中。

"a = a + 10;" 这个代码应该读作：a 变量的值加上 10，将结果再赋值给 a 变量。最后 a 变量中存储的结果就是 20。

赋值运算符

4.3.2 算术运算符

JavaScript 的算术运算符用于进行加、减、乘、除等算术运算。常用算术运算符及说明如表 4-3 所示。

假定变量 y 的值为 5，表 4-3 解释了算术运算符的运算方法和结果。

算术运算符

表 4-3　算术运算符的运算方法和结果

运算符	描　述	例　子	结　果
+	加	x=y+2	x=7
-	减	x=y-2	x=3
*	乘	x=y*2	x=10
/	除	x=y/2	x=2.5
%	求余数	x=y%2	x=1
++	累加	x=++y	x=6
--	递减	x=--y	x=4

算术运算符和赋值运算符相结合，可得到精简的算术运算表达式，如表 4-4 所示。

假定变量 x 的值为 10，y 的值为 5，表 4-4 解释了赋值运算符和算术运算符相结合的运算方式。

表 4-4　赋值运算符和算术运算符相结合的运算方式

运算符	例　子	等价于	结　果
=	x=y	—	x=5
+=	x+=y	x=x+y	x=15
-=	x-=y	x=x-y	x=5
*=	x*=y	x=x*y	x=50
/=	x/=y	x=x/y	x=2
%=	x%=y	x=x%y	x=0

4.3.3　位运算符

计算机中所有的数据都是以二进制的形式存储的。位运算就是对数据按照二进制位进行操作，也就是把两个二进制数进行运算得到一个新的二进制数。

JavaScript 的位运算符机器运算规则如表 4-5 所示。

位运算符

表 4-5　位运算符机器运算规则

运算符	描　述	例　子	类似于	结　果	十进制
&	与(AND)	x = 5 & 1	0101 & 0001	1	1
|	或(OR)	x = 5 | 1	0101 | 0001	101	5
~	取反	x = ~ 5	~0101	1010	-6
^	异或	x = 5 ^ 1	0101 ^ 0001	100	4
<<	左移	x = 5 << 1	0101 << 1	1010	10
>>	右移	x = 5 >> 1	0101 >> 1	10	2

例如下面这段代码中，定义了两个变量 a 和 b，分别初始化为 28 和 5，然后对这两个变量进行"与(AND)"位运算，结果为 4。

```
<script>
    var a=28,b=5;
    console.log(a & b);        //11100 & 00101 ==> 00100 (4)
</script>
```

4.3.4 比较运算符

比较运算符

比较运算符用于进行是否相等、大小关系等逻辑判断。JavaScript 提供了丰富的比较运算符进行逻辑运算。

假设变量 x 的值为 5，比较运算符及其运算结果如表 4-6 所示。

表 4-6　比较运算符及其运算结果

运算符	描　述	比　较	结　果
==	等于	x == 8	false
		x == 5	true
===	值及类型均相等(恒等于)	x === "5"	false
		x === 5	true
!=	不等于	x != 8	true
!==	值与类型均不等(不恒等于)	x !== "5"	true
		x !== 5	false
>	大于	x > 8	false
<	小于	x < 8	true
>=	大于或等于	x >= 8	false
<=	小于或等于	x <= 8	true

4.3.5 逻辑运算符

逻辑运算符

JavaScript 中的逻辑运算符主要有&&、||、！，分别用于表示并且、或者和否定等复杂的逻辑运算。

假设变量 x 的值为 6，y 的值为 3,JavaScript 的逻辑运算符及其运算结果如表 4-7 所示。

表 4-7　逻辑运算符及其运算结果

运算符	描　述	例　子
&&	和	(x < 10 && y > 1) 为 true
||	或	(x == 5 || y == 5) 为 false
!	非	!(x == y) 为 true

4.3.6　条件运算符(三元运算符)

　　为了便于表示根据逻辑表达式结果进行不同赋值的运算，JavaScript 提供了一个条件运算符"?:"，其语法格式为：

　　　(expression) ? true-statement : false-statement;

　　这个条件运算符的执行逻辑是：先求表达式(expression)的值，如果为 true，则执行 true-statement，否则执行 false-statement。例如下面这段代码实现了找出两个变量中值较大的变量，在控制台中我们可以看到输出"20"。

条件运算符

```
<script>
    var a=10, b=20;
    console.log(a > b ? a : b);
</script>
```

4.4　流　程　控　制

　　计算机程序的执行流程一般为顺序、分支和循环 3 种方式，JavaScript 对这 3 种程序结构也提供了相应的支持和语法规定。

4.4.1　顺序结构

　　顺序结构是指程序中按照代码出现的先后次序依次执行。

　　注意：JavaScript 中，语句结束符号为"；"，也就是说当遇到"；"时，表示该语句执行结束。

　　例如下面这段显示当前日期和时间的代码，就是一个典型的顺序结构的程序。在控制台中输出当前的日期："2023 年 10 月 5 日"(编写这段代码时的日期)。

顺序结构

```
<script>
    var date = new Date();           //生成一个 Date 对象
    var year = date.getFullYear();   //获取当前日期的年
    var month = date.getMonth()+1;   //获取当前日期的月
    var day = date.getDate();        //获取当前日期的日
    console.log("今天是：" + year + "年" + month + "月" + day + "日");      //字符串拼接
</script>
```

4.4.2　分支结构

　　分支结构程序的执行不是严格按照语句出现的物理顺序，而是根据逻辑判断的结果选择适当的分支。JavaScript 提供了多种分支语句。

分支结构

1．if 语句

if 语句是一种基本的控制语句，JavaScript 中 if 语句的语法格式为：

```
if(条件) {
        当条件为 true 时，执行的代码;
    }
```

使用 if 语句及前面学习的字符串的 length 属性，在一个文本框中输入的字符数超过 5 个时，则在控制台显示一个"输入信息正确"的信息。代码执行结果如图 4-6 所示。

```
<!DOCTYPE html>
<html lang="en">
<head>
    <meta charset="UTF-8">
    <title>if 语句实例</title>
</head>
<body>
    <input type="text" id="username"><button onclick="check();">检测</button>
    <script>
        function check() {
            var user = document.getElementById("username");        //获取文本框元素
            if(user.value.length >=5) {
                console.log("输入信息正确");
            }
        }
    </script>
</body>
</html>
```

图 4-6　if 语句实例

上面这段代码中的语句"if(user.value.length >=5)",当文本框中所输入字符串的长度大于等于 5 时,"user.vale.length>=5"这个条件结果为"true",就会执行这条语句"{ console.log("输入信息正确");}";否则的话,在控制台看不到任何信息。

2. if…else 语句

if…else 语句的语法格式为:

```
if(条件) {
        当条件为 true 时,执行的代码;
}
else {
        当条件为 false 时,执行的代码;
}
```

我们使用 if…else 语句对上一节中的判断文本框中输入字符串长度进行改进:当输入的字符串长度大于等于 5 时,在控制台中显示"输入信息正确"的信息;否则,在控制台中显示"输入信息不正确"的信息。只需增加一个 else { }代码块,执行结果如图 4-7 所示。

```
<script>
    function check() {
        var user = document.getElementById("username");
        if(user.value.length >=5) {
            console.log("输入信息正确");
        }
        else {
            console.log("输入信息不正确");
        }
    }
</script>
```

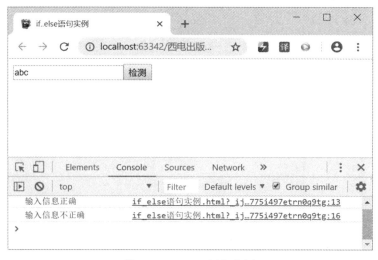

图 4-7   if…else 语句实例

3. if…else if…else 语句

if…else if…else 语句用于多分支的程序执行逻辑。例如我们要对某个学生的成绩进行判定：

大于等于 90 分，在控制台输出"优秀"；

大于等于 80 分，在控制台输出"良好"；

大于等于 70 分，在控制台输出"中等"；

大于等于 60 分，在控制台输出"合格"；

60 分以下，在控制台输出"不及格"。

要实现上面的成绩判定，就需要用到多分支的 if…else 语句，显示效果如图 4-8 所示。

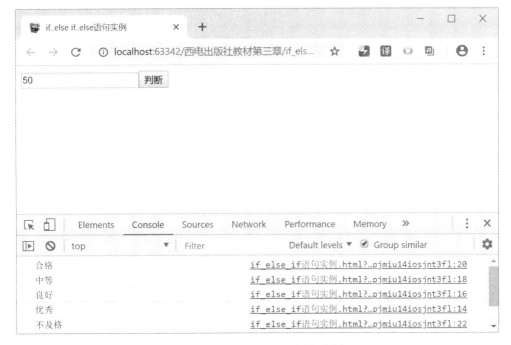

图 4-8　　if…else if…else 语句实例

```
<!DOCTYPE html>
<html lang="en">
<head>
    <meta charset="UTF-8">
    <title>if..else if..else 语句实例</title>
</head>
<body>
    <input type="text" id="score"/><button onclick="check();">判断</button>
    <script>
        function check() {
            var score = document.getElementById("score");
            score = parseInt(score.value);          //输入的数据转换为 int
```

```
                if(score >= 90 ) {
                    console.log("优秀");
                }else if(score >= 80){
                    console.log("良好");
                }else if(score >= 70) {
                    console.log("中等");
                }else if(score >= 60) {
                    console.log("合格");
                }else {
                    console.log("不及格");
                }
            }
        </script>
    </body>
    </html>
```

注意：上面这段代码的成绩判断先后顺序很重要，如果把分数大于等于 60 分的判断放在最前面，那么程序的执行逻辑就不正确了。在设计程序的过程中，要认真分析程序的执行逻辑是否符合要求。

4．switch 语句

除了上面的多分支 if…else 语句外，JavaScript 还提供了 switch 语句，用于根据不同的条件来执行不同的代码块，其语法格式为：

```
    switch(n){
        case 1:
            执行代码块 1
            break;
        case 2:
            执行代码块 2
            break;
        default:
            与 case 1 和 case 2 不同时执行的代码
    }
```

首先设置表达式 n(通常是一个变量或一个表达式)，随后表达式的值会与结构中的每个 case 的值作比较。如果存在匹配，则与该 case 关联的代码块会被执行。

注意：每个 case 后面都有一个 break 语句，用来阻止代码自动向下一个 case 运行。

下面我们设计一段代码，用于根据当前日期，在控制台输出"今天是星期几"的信息。

```
    <!DOCTYPE html>
    <html lang="en">
    <head>
```

```html
        <meta charset="UTF-8">
        <title>switch 语句实例</title>
    </head>
    <body>
    <script>
        var x;
        var d=new Date().getDay();
        switch(d)       {
            case 0:
                x="今天是星期日";
                break;
            case 1:
                x="今天是星期一";
                break;
            case 2:
                x="今天是星期二";
                break;
            case 3:
                x="今天是星期三";
                break;
            case 4:
                x="今天是星期四";
                break;
            case 5:
                x="今天是星期五";
                break;
            case 6:
                x="今天是星期六";
                break;
        }
        console.log(x);
    </script>
    </body>
    </html>
```

上面这段代码中，先调用所生成的 Date 对象的 getDay()方法，该方法会返回 0～6 之间的数值，分别对应星期日至星期六。我们使用 switch 语句，根据获得的日期值，来对 x 变量赋不同的字符串，最后在控制台输出变量 x 的值。代码的执行结果如图 4-9 所示。

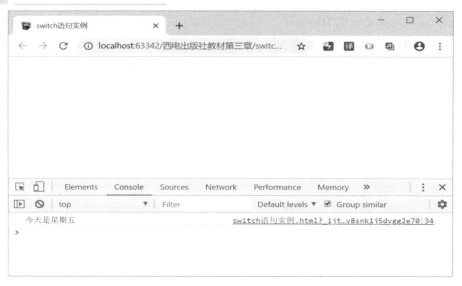

图 4-9　switch 语句实例

4.4.3　循环结构

在设计程序时，经常会遇到需要重复执行的代码，这时就要用循环程序结构了。JavaScript 提供了多种循环结构的语法。

1. while 语句

while 语句用于当满足某个条件时，需要重复执行的代码。其语法格式为：

```
while(条件) {
    重复执行的代码
}
```

while 语句

当条件为 true 时，则执行{ }之间的代码。

设计 while 循环时，要注意{ }之间的代码，在重复执行规定的次数后，要使得 while 的条件变为 false，否则就会产生"死循环"，也就是一个循环始终无法执行结束，导致循环后面的代码无法执行。

我们使用 while 语句来设计一段计算 $1+2+3+\cdots+100$ 之和的代码：

```
<!DOCTYPE html>
<html lang="en">
<head>
    <meta charset="UTF-8">
    <title>while 语句实例</title>
</head>
<body>
<script>
    var sum = 0;
    var i = 1;
```

```
        while(i<=100) {
            sum = sum + i;
            i++;
        }
        console.log("求和结果为：" + sum);
    </script>
    </body>
    </html>
```

上面这段代码中，首先定义了两个变量 sum 和 i，分别初始化为 0 和 1，变量 sum 用于保存累加和，变量 i 用于计数并作为需要累加的数据。

当 while 后面的"(i<=100)"这个条件为 true 时，就会重复执行{ }之间的这两条语句：

```
        sum = sum + i;
        i++;
```

每次循环时，变量 i 都会累加到变量 sum 上，然后加上 1，直到变量 i 的值变为 101 时，while 后面的"(i<=100)"这个条件就变为 false，循环执行也就结束，继续执行控制台输出语句"console.log("求和结果为："+ sum);"，在控制台就会看到 5050 这个数据了。

2. do…while 语句

do…while 是另外一种表示循环的语句。其语法格式为：

```
    do {
        重复执行的代码;
    }while(条件)
```

do…while 语句

上面的语法表示重复执行{ }之间的代码，直到 while 后面的条件变为 false，循环执行结束。

do…while 语句与 while 语句的区别在于：do…while 语句中{ }之间的代码至少会执行一次。

我们用 do…while 语句来实现求 1+2+…+100 的累加和，代码如下：

```
    <script>
        var sum = 0;
        var i = 1;
        do {
            sum = sum + i;
            i++;
        }while(i<=100)
        console.log("求和结果为：" + sum);
    </script>
```

3. for 语句

for 语句是另外一种实现循环逻辑的语句，该语句的表示形式更简洁。其语法格式为：

```
for(语句 1; 语句 2; 语句 3) {
        重复执行的代码;
}
```

for 语句

for 语句的执行逻辑是：先执行一次语句 1，然后执行循环。循环的执行逻辑是：如果语句 2 的结果为 true，则执行{ }之间的代码，再执行语句 3，一直到语句 2 的结果为 false，循环结束。

for 语句语法中的"语句 1"通常用于进行变量的初始化操作，"语句 3"通常用于对循环控制变量进行调整。

我们再用 for 语句来实现求 1+2+…+100 的累加和，代码如下：

```
<script>
        var sum = 0;
        var i = 1;
        for(i=1; i <=100; i ++) {
                sum = sum + i;
        }
        console.log("求和结果为：" + sum);
</script>
```

上面用 for 语句实现的代码执行逻辑是这样的：

(1) 执行"i=1;"语句，将变量 i 初始化为 1。

(2) 当 i<=100 条件成立时，重复执行以下代码：

```
sum = sum +i;
i++;
```

4．for…in 语句

for…in 语句用于对数组元素或者某个对象的属性进行遍历操作。其语法格式为：

```
for(变量 in 数组或对象) {
        重复执行的代码;
}
```

for…in 语句

注意：对于数组而言，每次循环过程中变量取得的是数组从"0"开始的下标值，直到数组最后一个元素的下标值。

例如下面这段代码，对数组进行遍历，在控制台中输出的就是数组 3 个元素的下标值：0、1、2。其执行结果如图 4-10 所示。

```
<script>
        var arr = ["first", "second", 3.15926];
        var i;
        for(i in arr ) {
                console.log(i);
        }
</script>
```

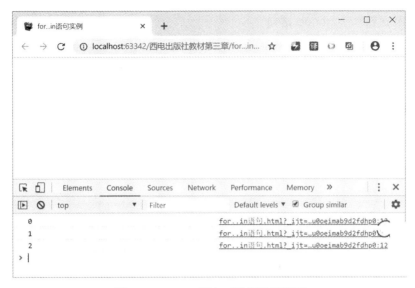

图 4-10　for...in 语句对数组进行遍历

若使用 for...in 语句对一个对象进行遍历，则每次循环过程中变量取得的是该对象的属性或者方法名。下面我们使用 for...in 语句来对 window 对象进行遍历。

```
<script>
    var obj;
    for(obj in window) {
        console.log(obj);
    }
</script>
```

上面这段代码中，每次循环过程中，obj 变量都会获得 window 对象的某个属性或方法名，直到把 window 对象的所有属性和方法遍历完为止。代码的执行结果如图 4-11 所示。

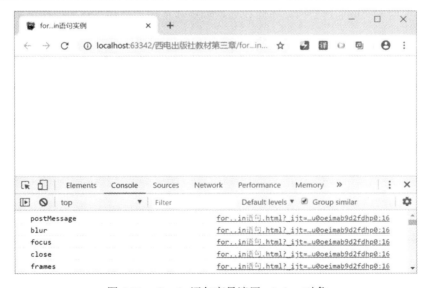

图 4-11　for...in 语句变量遍历 window 对象

5. break 语句和 continue 语句

正常的循环结构中，每次循环都是从满足条件开始执行，直到不满足循环的条件，结束循环为止。在实际程序设计中，有时需要提前终止整个循环，或提前结束当次循环，这时就要用到 break 语句和 continue 语句来解决这些实际问题。

(1) break 语句：break 语句的作用是立即结束当前循环，转到执行循环体后面的语句。例如下面这段代码：

break 语句和 continue 语句

```
var i=0;
for (i=0; i<10; i++) {
    if (i==3)    {
        break;
    }
    console.log("The number is " + i);
}
```

在控制台中输出的结果如下：

```
The number is 0
The number is 1
The number is 2
```

上面代码中的 for 语句，设定的循环条件是变量 i 从 0 开始，当 i<10 的时候，执行循环体中的语句。

但是在循环体中，有一个判断语句：

```
if(i == 3)    break;
```

当变量 i 等于 3 的时候，就会执行 break 语句，而 break 语句的执行结果就是结束当前的循环，所以在控制台中只能看到输出了 0、1、2 这 3 个数字。

(2) continue 语句：continue 语句的作用是提前结束循环体的本次循环，也就是说当执行到循环体中的 continue 语句时，循环体后面的语句都不再被执行，而提前结束当次循环。例如下面这段代码：

```
var i=0;
for (i=0; i<10; i++) {
    if (i==3)    {
        continue;
    }
    console.log("The number is " + i);
}
```

在控制台中的输出结果如下：

```
The number is 0
The number is 1
The number is 2
The number is 4
The number is 5
```

The number is 6

The number is 7

The number is 8

The number is 9

我们发现，输出结果中缺少了数字 3。这是因为在 for 循环的循环体中的这条语句：

```
if (i==3)        continue;
```

当执行到变量 i 的值等于 3 的这次循环时，会执行 continue 语句，提前结束当次循环，这样就不会执行循环体后面的"console.log("The number is " + i);"这条语句，所以在控制台中就看不到数字 3 的输出。

4.5　函　　数

在设计程序时，若一段代码被多次执行或调用，这时就需要定义一个函数，把这段代码作为函数的函数体。函数需指定一个名字，通过该函数名对其进行调用来执行函数体中的代码。

在 JavaScript 中，每个函数都是一个对象，函数内的"this"指向该函数对象。

函数的基本概念

4.5.1　定义函数

JavaScript 中使用 function 关键字来定义一个函数，其语法格式为：

```
function  函数名(参数列表) {
        函数体;
            }
```

定义函数

其中，函数名的命名规则和变量名的命名规则相同，参数列表中若有多个参数，参数之间要用","分隔。

函数体中的代码在函数被调用时执行，直到遇到函数体的结束标志"}"或遇到 return 语句为止。return 语句可在函数执行结束时返回数据。

4.5.2　调用函数

定义一个函数后，这个函数不会被立即执行，只有在调用该函数时，函数体中的代码才会被执行。

JavaScript 中，函数的调用方法很灵活，既可以按照函数名调用函数，也可把函数作为某个对象的属性来调用，还可使用函数的构造函数来调用。

形参是指函数定义时的参数，而实参是指函数调用时在函数名后括号中的参数。函数在调用时，实参和形参之间会进行数据传递，也就是把实参传递给形参。

调用函数

下面我们设计一个网页，来详细了解一下 JavaScript 中函数的定义和调用方法。这个网页有两个文本框和一个按钮，按下按钮后，可以找出两个文本框中输入的最大数，将其输出在控制台中。其执行结果如图 4-12 所示。

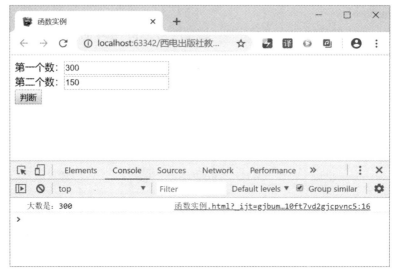

图 4-12　函数的定义和调用实例

```html
<!DOCTYPE html>
<html lang="en">
<head>
    <meta charset="UTF-8">
    <title>函数实例</title>
    <script>
        function max(a,b) {
            return a>b?a:b;            //使用三元运算符找出最大值
        }
        function judge() {
            var num1 = document.getElementById("num1");//获取第一个文本框对象
            var num2 = document.getElementById("num2");//获取第二个文本框对象
            num1 = parseInt(num1.value); //将文本框中输入的数据转换成整数
            num2 = parseInt(num2.value);
            /*调用函数找出 num1 和 num2 中大数 */
            console.log("大数是：" + max(num1, num2));
        }
    </script>
</head>
<body>
    第一个数：<input id="num1"><br/>
    第二个数：<input id="num2"><br/>
```

```
    <button onclick="judge();">判断</button>

  </body>

</html>
```

上面这段代码中，使用 function 关键字定义了一个名为 max 的函数，这个函数有两个形参 a 和 b。函数体为一个 return 语句，返回的是三元运算符"?:"判断两变量 a 和 b 中大数的运算结果。

另一个用 function 关键字定义的函数 judge()，不需要传递参数给它，所以就没有参数列表，该函数作为按钮的 onclick 事件的属性，会在按钮被单击时调用。

调用 max 函数的代码，是在"console.log("大数是："+max(num1，num2));"这条语句中，实参 num1 和 num2 分别存储的是两个文本框中输入的数据，在调用 max 函数时，实参 num1 和 num2 中存储的数据传递给了形参 a 和 b，然后去执行 max 函数中的代码。

函数 max()执行结束后，将参数 a 和 b 中大数返回给调用的语句"console.log("大数是："+max(num1, num2));"，这条语句会在控制台输出一行信息。这行信息由两部分组成：字符串"大数是："和两个数中的大数。

4.6　事　件

JavaScript 的事件是指发生在 HTML5 元素上的事情，或发生在浏览器中的事情。如网页中文本框中的内容发生改变、浏览器窗口大小发生改变、用户用鼠标单击了某个 HTML5 元素等，都是 JavaScript 可以处理或响应的事件。通过对这些事件的响应，可以对用户输入的表单数据合法性进行验证，响应用户单击某个按钮时执行特定动作，或在页面加载或关闭时执行特定操作等。

事件

JavaScript 的事件机制和函数是密切相关的，上一节的实例中，我们就通过自定义的一个函数，来响应用户对按钮的单击(onclick)事件，将两个文本框中所输入的数据较大者显示在控制台中。一些常用的 HTML5 事件如表 4-8 所示。

表 4-8　常用的 HTML5 事件

事　件	描　述
onchange	HTML5 元素改变
onclick	用户单击 HTML5 元素
onmouseover	用户在一个 HTML5 元素上移动鼠标
onmouseout	用户从一个 HTML5 元素上移开鼠标
onmousedown	一个 HTML5 元素上鼠标被按下
onkeydown	用户按下键盘按键
onkeyup	按键被松开
onload	浏览器已完成页面的加载
onblur	元素失去焦点

更多的事件及其作用，可进一步查阅 HTML5 和 JavaScript 的手册。

我们通过一个获取鼠标单击位置坐标的例子，来进一步学习 JavaScript 的事件机制。这个例子会把鼠标当前单击位置的 x 轴、y 轴坐标显示在控制台中。其运行结果如图 4-13 所示。

```html
<!DOCTYPE html>
<html lang="en">
<head>
    <meta charset="UTF-8">
    <title>JavaScript 事件实例</title>
    <script type="text/javascript">
        function position() {
            x=event.screenX;   //获取 event 对象的 x 坐标轴的屏幕位置
            y=event.screenY;   //获取 event 对象的 y 坐标轴的屏幕位置
            console.log("x = " + x + ", y = " + y);
        }
    </script>
</head>
<body   onmouseup="position();">
    <h4>在窗口的任意位置单击鼠标，鼠标点击位置的坐标会显示在控制台中。</h4>
    <h4>Chrome 浏览器打开控制台的显示方式是：按下 F12 键，或者选择"更多工具"中的"开
发者工具"</h4>
</body>
</html>
```

图 4-13　JavaScript 事件机制实例

上面这段代码中，我们编写了一个名字为 position 的函数，这个函数作为响应网页 <body>元素的 onmouseup(鼠标抬起事件)的句柄，当在浏览器窗口中松开鼠标按键时，就会触发 onmouseup 这个事件，从而转去调用自定义的 position 这个函数。

在 position 这个函数中，我们通过调用浏览器的内置 event 对象的 screenX 和 screenY 属性来获得当前鼠标在屏幕的位置，并将其显示在控制台中。event 对象代表事件的状态，比如事件在其中发生的元素、键盘按键的状态、鼠标的位置、鼠标按钮的状态等。

注意：JavaScript 是严格区分大小写的编程语言，event 的 screenX 和 screenY 这两个属性名中的 X 和 Y 都是大写的。

4.6.1　表单事件

表单是 B/S 架构 Web 应用与用户进行交互的常用方式。我们在网上进行用户注册、发表评论或登录验证时都要用到表单。用户在表单中填写的数据的完整性、正确性需要进行验证，验证的方法通常有两种：一种是在数据传输到服务器端后，由服务器端应用程序进行验证，这种方法需要数据在客户端和服务器端之间传输，验证效率不高，且会加大服务器端应用负载；另一种是在数据发送到服务器端之前，使用 JavaScript 对用户在表单中输入数据的完整性进行验证，在数据正确性和完整性的验证后，再把表单中的数据提交给服务器端的应用。这种数据验证的方式效率高，用户体验也好。

表单事件

在对文本输入框、下拉列表框、单选按钮、复选按钮等表单元素进行操作时，都会触发相应的事件。

1. 获得/失去焦点事件

表单元素获得焦点是指该表单元素目前是可接收输入的，可通过鼠标单击或键盘的"Tab"按键来切换表单元素的焦点。如对于文本输入框来说，当用鼠标单击该输入框时，即可使其获得焦点。当单击表单中的其他区域时，该表单元素就会失去焦点。获得/失去焦点事件通常用于对用户输入的数据进行即时验证。

表单元素要响应获得焦点事件，需要为该元素的 onfocus 属性指定一个处理获得焦点事件的句柄，然后在该句柄对应的函数中，编写响应的 JavaScript 代码。响应失去焦点事件，则需要为该元素的 onblur 属性指定一个事件处理句柄。

例如下面这段代码，当文本输入框获得焦点时，它的背景色会变为黄色；当文本框失去焦点时，其背景色会恢复成默认的白色，且所输入的字符都会变成大写。

```
<!DOCTYPE html>

<html>

<head>

    <meta charset="utf-8">

    <title>获得/失去焦点案例</title>

</head>

<head>

    <script>
```

```
        function change(x){
            x.style.backgroundColor="yellow";
        }
        function undo() {
            var x = document.getElementById("username");
            x.style.backgroundColor="white";
            x.value = x.value.toUpperCase();
        }
    </script>
</head>
<body>
请输入姓名: <input id="username" type="text" onfocus="change(this)" onblur="undo()">
<p>当输入框获取焦点时，输入框的背景色(background-color) 将被修改。</p>
</body>
</html>
```

上面这段代码中，<input id="username">这个输入表单的 onfocus 属性设置为 "change(this)"句柄，通过 this 指针将当前对象传递给 change 函数，在 change 函数中，把该对象的 style.backgroundColor 属性赋值为"yellow"，将该对象的背景颜色修改为黄色。

这个<input>元素的 onblur 属性指定的处理函数是 undo()，在这个函数中，使用 document.getElementById()方法获得了<input>对象，然后把该对象的背景色设置为白色，最后通过调用 JavaScript 内置函数 toUpperCase()把文本框中输入的字符转换成大写字符。

2. 选择和内容改变事件

在表单中，用鼠标或键盘选择文本框<input>，或多行文本框<textarea>中的文字时，就会触发选择(select)事件。例如下面这段代码中，当我们选择了文本框中的文字时，就会在浏览器窗口中显示一个提示框。其显示效果如图 4-14 所示。

```
<!DOCTYPE html>
<html>
<head>
    <meta charset="utf-8">
    <title>选择/改变事件案例</title>
    <script>
        function mySelect(){
            alert("你选中了一些文本");
        }
    </script>
</head>
<body>
一些文本: <input type="text" value="默认的文字内容" onselect="mySelect()">
```

```
</body>
</html>
```

图 4-14　JavaScript 的 onselect 事件

当<input>文本输入框、<textarea>多行文本输入框失去焦点，或<select>下拉列表框选项状态发生改变时，就会触发改变(change)事件，这个事件一般常用于多个下拉列表联动的设计。例如下面这段代码实现了省、市两级下拉菜单的联动。

```
<!DOCTYPE html>
<html>
<head>
    <meta http-equiv="Content-Type" content="text/html; charset=gb2312" />
    <title>change 事件：省市联动案例</title>
    <script type="text/javascript">
        var arr_province = ["请选择省/城市","北京市","上海市","天津市","重庆市","深圳市",
                        "广东省","河南省"];        //一维数组定义省、市
        var arr_city = [
            ["请选择城市/地区"],
            ["东城区","西城区","朝阳区","宣武区","昌平区","大兴区","丰台区","海淀区"],
            ['宝山区','长宁区','丰贤区','虹口区','黄浦区','青浦区','南汇区','徐汇区','卢湾区'],
            ['和平区','河西区','南开区','河北区','河东区','红桥区','塘古区','开发区'],
            ['俞中区','南岸区','江北区','沙坪坝区','九龙坡区','渝北区','大渡口区','北碚区'],
            ['福田区','罗湖区','盐田区','宝安区','龙岗区','南山区','深圳周边'],
            ['广州市','惠州市','汕头市','珠海市','佛山市','中山市','东莞市'],
            ['郑州市']
        ];        //二维数组定义省、市中的区或市
        //函数：当省份中的 option 改变时，城市中的数据应该相应地改变
        function select_change(index)            {        //参数 index 为选择的列表序号
            var city = document.form1.city;
            //根据当前 index 确定 city 中要写入的二维数组
            city.length = 0;
```

```
            city.length = arr_city[index].length;
            for(var i=0; i<arr_city[index].length; i++)                    {
                //创建每一个 option 对象(option 标记)
                city.options[i].text = arr_city[index][i];
                city.options[i].value = arr_city[index][i];
            }
        }
        //函数：给 province 对象添加 option 对象，每个 option 的内容来自于 arr_province
        function init()             {
            //获取 province 和 city 对象
            var province = document.form1.province;
            var city = document.form1.city;
            //指定下拉列表的高度，准备写入几个 option 的标记(很重要)
            province.length = arr_province.length;              //这句必须有
            //循环数组，将数组内容写入到 province 中
            for(var i=0; i<arr_province.length; i++)                    {
                //创建每一个 option 对象(option 标记)
                province.options[i].text = arr_province[i];
                province.options[i].value = arr_province[i];
            }
            //指定省份当前的默认选中索引号
            var index = 0;
            province.selectedIndex = index;
            //对象 city 的内容来自于 province 的选择
            //我们默认指定一个 option，一般是下标为 0 的那个
            city.length = arr_city[index].length;
            for(var j=0; j<arr_city[index].length; j++)                    {
                //创建每一个 option 对象(option 标记)
                city.options[j].text = arr_city[index][j];
                city.options[j].value = arr_city[index][j];
            }
        }
    </script>
</head>

<body onload="init()">
<form name="form1">
    省  份 ： <select  name="province"  onchange="select_change(this.selectedIndex)"
style="width:130px;"></select>
```

　　　城市：<select name="city"></select>

　　　</form>

　　　</body>

　　　</html>

执行结果如图 4-15 所示。

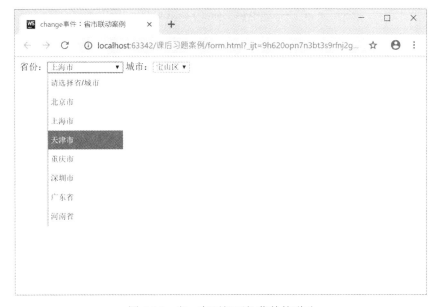

图 4-15　省、市两级下拉菜单的联动

3. 提交和重置事件

表单的提交按钮一般是通过将<input>标签的 type 属性设置为"submit"来实现的，<input type="reset">可以实现重置按钮。当单击"提交"按钮后，就会触发提交(submit)事件；单击"重置"按钮，就会触发重置(reset)事件。

提交事件通常用于在把浏览器(客户端)的表单中输入的数据提交给服务器端之前，对数据合法性进行检查，合格后再把数据提交给服务器端。

4.6.2　鼠标事件

鼠标事件是指用鼠标对网页中控件进行单击或双击操作时触发的事件。用鼠标对网页中的表单元素进行单击、双击等操作，或鼠标在网页元素上移动时，都会触发鼠标相关的事件。

鼠标事件

1. 鼠标单击、双击事件

用鼠标左键单击就会触发单击事件(click)，双击鼠标时就会触发双击事件(dbclick)，设置相应网页元素的 onclick 属性、ondbclick 属性的处理函数，即可响应单击或双击事件。

下面这段代码演示了鼠标单击事件的响应和处理过程：

```
<!DOCTYPE html>
<html>
```

```html
<head>
    <meta charset="utf-8">
    <title>鼠标单击、双击案例</title>
    <script>
        function myFunction(){
            document.getElementById("demo").innerHTML="Hello World";
        }
    </script>
</head>
<body>
<p>单击按钮触发函数。</p>
<button onclick="myFunction()">点我</button>
<p id="demo"></p>
</body>
</html>
```

单击"点我"这个按钮后，就会在把 id 属性为"demo"的<p>标签内容修改为"Hello World"。

2. 鼠标移动事件

当鼠标在网页元素上移动时，就会触发相应的鼠标移动事件。当鼠标移入时，会触发鼠标移入事件(MouseOver)；当鼠标移出时，就会触发鼠标移出事件(MouseOut)。这两个事件通常用于菜单的动态显示效果，即当鼠标移入时，显示隐藏菜单的效果；鼠标移出后，显示菜单隐藏的效果。

下面这段代码，通过对鼠标移入、移出事件的响应，实现了一个简单的动态菜单。

```html
<!DOCTYPE html>
<html lang="en">
<head>
    <meta charset="UTF-8">
    <title>鼠标移入移出案例</title>
    <style type="text/css">
        #menuitem {
            display:none;
        }
    </style>
    <script type="text/javascript">
        function show() {
            var ulobj = document.getElementById("menuitem");
            console.log("show");
            ulobj.style.display="block";
```

```
        }
        function hide() {
            var ulobj = document.getElementById("menuitem");
            console.log("hide");
            ulobj.style.display="none";
        }
    </script>
</head>
<body>
    <div onmouseover="show();" onmouseout="hide();">鼠标移入移出动态显示下拉列表</div>
    <ul id="menuitem">
        <li>鼠标移入事件</li>
        <li>鼠标移出事件</li>
        <li>鼠标单击事件</li>
        <li>鼠标双击事件</li>
    </ul>
</body>
</html>
```

在<ul>这个下拉列表的默认样式中，我们将 display 属性设置为"none"，这样<ul>默认状态下是隐藏起来的。

当鼠标移到<div>元素上时，就会触发 onmouseover 事件。我们指定 show 函数来响应该事件，在 show 函数中，把<ul>的 display 属性设置为"block"，就可以把<ul>中的内容显示出来。在响应<div>的 onmouseout 事件的函数 hide 中，我们把<ul>的 display 设置为"none"，就可以实现把内容隐藏的效果。

4.6.3　键盘事件

键盘事件是指当用户在网页或文本输入框等网页元素中按下键盘时触发的事件。键盘事件主要有 3 个，也是平常开发过程中尤其是在响应文本框输入有关的事件时经常用到的。

键盘事件

(1) keydown：当用户按下键盘上的任意键时触发，如果按住不放会重复触发。

(2) keypress：当用户按下键盘上的字符键时触发，如果按住不放会重复触发(按下 Esc 键也会触发)。

(3) keyup：当用户释放键盘上的键时触发。

这 3 个事件的触发顺序是：当用户按了一个键盘上的字符键时，首先触发 keydown 事件，紧跟着是 keypress 事件，最后会触发 keyup 事件。其中，keydown 和 keypress 都是在文本框发生变化之前被触发的；而 keyup 是在文本框已经改变之后触发的。

按键对应的编码通过 window 对象的 event 对象的 KeyCode 属性来获取。

下面这段代码演示了键盘事件的基本使用方法。在文本框输入信息时，若输入的不是数字，就会弹出一个提示框，如图 4-16 所示。

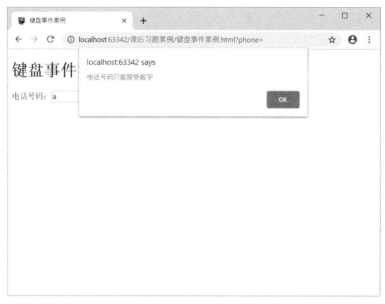

图 4-16   JavaScript 键盘事件实例

如果还未输入信息就按下回车键，也会提示用户要输入数据。其详细代码如下：

```
<!DOCTYPE html>
<html lang="en">
<head>
    <meta charset="UTF-8">
    <title>键盘事件案例</title>
    <script type="text/javascript">
        function checkphone() {
            if(window.event.keyCode != 13) {    //如果按下的不是回车键
                if(window.event.keyCode < 48 || window.event.keyCode>57) {
                                                 //数字的 ASCII 码在 48～57 之间
                    alert("电话号码只能接受数字");
                }
            }
            else {
                if(testform.phone.value.length <= 0) {
                    alert("电话号码不能为空")
                }
                else {
                    alert("你的电话号码是： " + testform.phone.value);
                }
```

```
                }
            }
        </script>
    </head>
    <body>
        <h1 align="left">键盘事件实例</h1>
        <form name="testform">
            电话号码：<input type="text" name="phone" id="phone" onkeypress="checkphone();">
必须为数字
        </form>
    </body>
</html>
```

4.7　DOM

DOM(Document Object Model，文档对象模型)是一个表示和处理 HTML 文档的应用程序接口。当网页被浏览器加载时，浏览器会创建网页的文档对象模型，通过 DOM、JavaScript 访问 HTML5 文档中的所有元素，以实现动态访问，更新 HTML5 文档的内容、结构或样式。

DOM

DOM 中，HTML5 文档中各元素对象的层次结构被称为节点树。例如下面这段简单的 HTML5 文档对应的 DOM 节点树，如图 4-17 所示。

图 4-17 展示了 DOM 节点树的结构，一个文档的 DOM 节点树就是由各种不同类型的节点组成的，其中 html、head 等都是节点。

DOM 中有 3 种类型的节点：元素节点、属性节点和文本节点。元素节点是指 HTML5 文档中的标签，属性节点是指 HTML5 标签的属性值，文本节点是指 HTML5 标签之间的文本。这 3 种类型节点的 nodeType 属性值分别为 1、2、3。

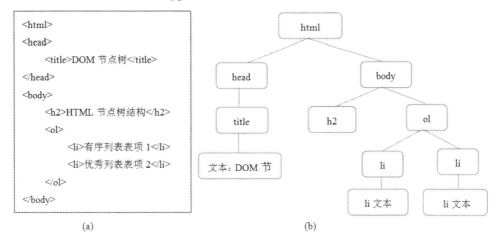

图 4-17　DOM 节点树

4.7.1 获取 HTML5 元素

使用 JavaScript 对网页中的 HTML5 元素进行控制，要先获取指定的元素。DOM 中提供了以下 4 种获取网页元素的方法。

获取 HTML5 元素

1. 使用指定的 id 属性获取元素

网页中的 HTML5 元素都有一个 id 属性，且该属性在 HTML5 文档中必须是唯一的，即在同一个 HTML5 文档中，不能有两个元素的 id 属性值是相同的。

使用 document 对象的 getElementById()方法获取指定 id 属性的网页元素。若能够找到指定的网页元素，则返回该元素节点对象，否则返回一个 Null。例如：

```
var oDiv1 = document.getElementById("myDiv");
```

获取的就是当前网页中 id 号为"myDiv"的元素，将其赋值给变量 oDiv1。

2. 使用指定的 name 属性获取网页元素

HTML5 元素的 name 属性一般用于设定表单及表单元素的名字，在表单数据提交给服务器时可通过指定的 name 属性获取相应元素所输入的值。

使用 document.getElementsByName()方法可以获得指定 name 属性的网页元素。

注意：因为 name 属性的值不唯一，所以该方法返回的是一个节点集合(NodeList)，可按照索引来访问指定的节点。

假设一个网页中，有如下两个<input>元素，其名字属性均为"information"：

```
<input name="information"/>
<input name="information"/>
```

那么，我们要使用 getElementsByName()方法获取第二个<input>网页元素，代码如下：

```
var obj = document.getElementsByNam("information");
                    //obj 存储的是名字为"information"的所有网页元素的集合(数组)
var oInput2 = obj[1];    //第二个元素在集合(数组)中的索引号为 1
```

3. 使用指定的标签名获取网页元素

document 对象的 getElementsByTagName()方法可以获取当前网页中指定标签名的所有 HTML5 元素。假设当前网页中有 3 个<p>标签：

```
<p>第一段</p>
<p>第二段</p>
<p>第三段</p>
```

那么，我们要使用 getElementsByTagName()方法获取第二个<p>标签元素，代码如下：

```
var obj = document.getElementsByTagName("p")[1];
```

4. 使用指定的 class 属性获取网页元素

HTML5 元素的 class 属性用于指定该元素所属的样式，既可指定一个样式，也可使用空格隔开多个样式名来指定该元素应用的多个样式，且可以有多个网页元素的 class 属性值相同。

JavaScript 中，使用 getElementsByClassName()方法来获取指定 class 属性的网页元素，所获得的网页元素存放在一个 NodeList 集合中。如：

var obj = document.getElementsByClassName("myClass")[1];

这个代码获得的是所有 class 属性值为"myClass"的网页元素集合中的第二个网页元素。

注意：NodeList 集合中的元素从 0 开始编号。

4.7.2　读取或修改 HTML5 元素的属性

在 DOM 中，获得指定的 HTML5 元素后，就可利用 JavaScript 面向对象的特性，来读取或修改指定 HTML5 元素的属性，也可根据 DOM 节点树的特点，来动态增加、删除相关的 HTML5 元素。

读取或修改 HTML5 元素的属性

1. 改变 HTML5 元素的内容或属性

动态改变一个 HTML5 元素内容的最简单方法就是使用 innerHTML 属性，该属性用于设置标签内容，或返回开始和结束标签之间的内容。

下面这段代码展示了如何使用 JavaScript 来动态地修改一个超链接的提示文字和超链接的目标。其执行效果如图 4-18 所示。

```
<!DOCTYPE html>
<html lang="en">
<head>
    <meta charset="UTF-8">
    <title>使用 JavaScript 修改 HTML 元素的属性或者内容</title>
    <script>
        function changeLink() {
            var objA = document.getElementById("myAnchor");
                            //获得 id 号为"myAnchor"的<a>标签对象
            alert(objA.innerHTML); //显示获取对象原来的内容
            objA.innerHTML = "搜狐";
            objA.href = "http://www.sohu.com";
            objA.target = "_blank";
        }
    </script>
</head>
<body>
    <a id="myAnchor" href="//http:www.qtc.edu.com">青岛职业技术学院</a>
    <button onclick="changeLink()">修改链接</button>
</body>
</html>
```

图 4-18   JavaScript 动态修改网页元素的内容和属性(1)

上面这段代码中，我们为"修改链接"这个<button>按钮的 onclick(鼠标单击)属性指定了一个名为 changeLink 的方法，当单击这个按钮时就会转去执行 changeLink()函数中的代码。

在函数 changeLink 中，我们首先使用 document.getElementById("myAnchor")获取到 id 号为"myAnchor"的<a>标签对象，将其赋值给变量 objA；然后调用 alert()方法，把 objA 对象的 innerHTML 属性，也就是 id 号为"myAnchor"的<a></a>标签之间的内容显示出来。

使用赋值语句"objA.innerHMML = "搜狐";"把<a></a>标签之间的内容修改为"搜狐"。对 objA 对象的 href 属性赋值(objA.href = "http://www.sohu.com";)，将该链接的目标修改为 http://www.sohu.com。

当我们单击"修改链接"按钮后，网页中原来的超链接的提示文字变为"搜狐"，且链接目标也修改为"http://www.sohu.com"。其执行效果如图 4-19 所示。

图 4-19   JavaScript 动态修改网页元素的内容和属性(2)

2. 改变 HTML5 元素的样式

使用 JavaScript 动态地改变 HTML5 元素的样式，与上一节中修改指定元素属性的方法类似，只不过在获取了指定的 HTML5 元素后，要使用其 style 属性来修改指定的样式。

下面，我们编写一段代码来实现当鼠标移动到一个 div 元素上时，将其背景样式修改为另外一种颜色的效果。其执行效果如图 4-20 所示。

```
<!DOCTYPE html>
<html lang="en">
<head>
    <meta charset="UTF-8">
    <title>动态修改 div 背景图片</title>
    <style>
        #myDiv {
            width: 100px;
            height: 100px;
            background: skyblue;
        }
    </style>
    <script>
        function changeStyle() {
            var objDiv    = document.getElementById("myDiv");
            objDiv.style.backgroundColor = "pink";      //将 style 属性的背景色设置为 pink
        }
    </script>
</head>
<body>
    <div id="myDiv" onmouseover="changeStyle();"></div>
</body>
</html>
```

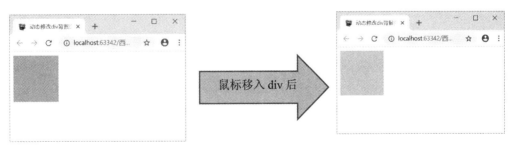

图 4-20   JavaScript 动态改变 HTML5 元素的样式

3. 动态增加、删除 HTML5 元素

使用 JavaScript 向网页中动态添加 HTML5 元素，需要用到 document 对象的 createElement()

和 createTextNode()方法。

　　createElement()方法用于创建一个 HTML5 元素。createTextNode()方法用于创建一个文本元素对象，该对象主要作为网页标签之间的内容。如我们要动态地创建这样一个 HTML5 元素：

```
<option>选项 5</option>
```

　　(1) 先要创建一个<option>元素对象：

```
var oOption = document.createElement("option");
```

　　(2) 创建一个文本元素对象，作为<option></option>之间的内容：

```
var oTextnode = document.createTextNode("选项 5");
```

　　(3) 把文本元素对象添加为<option>对象的孩子：

```
oOption.appendChild(oTextnode);
```

　　动态删除一个网页元素相对来说比较简单，只要找到要删除的网页元素的父元素，然后调用父元素的 removeChild()方法就可将其指定的子元素删除掉。

　　下面我们编写一个可以动态增加、删除下拉菜单项的网页。这个网页中，有一个下拉列表、两个按钮，其中"删除选项"按钮的 onclick 属性实现了删除下拉列表最后一个表项的功能，"增加选项"按钮的 onclick 属性实现了在下拉列表最后增加一个表项的功能。其显示效果如图 4-21 所示。

```
<!DOCTYPE html>
<html lang="en">
<head>
    <meta charset="UTF-8">
    <title>动态增加、删除网页元素</title>
    <script>
        function deleteOption() {
            var oSelect = document.getElementById("mySelect");
            var length = oSelect.childNodes.length;    //列表中元素个数
            var oOption = oSelect.removeChild(oSelect.childNodes[length-1]);
                                        //删除最后一个元素
        }
        function addOption() {
            var oSelect = document.getElementById("mySelect");
            var oOption = document.createElement("option");    //创建一个<option>元素
            var oTextnode = document.createTextNode("选项 5");
                        //为 option 元素创建一个文本元素，将其作为 option 的内容
            oOption.appendChild(oTextnode);
            oSelect.appendChild(oOption);
        }
    </script>
</head>
```

```
<body>
    <select id="mySelect" size="6">
        <option>选项 1</option>
        <option>选项 2</option>
        <option>选项 3</option>
        <option>选项 4</option>
    </select>
    <br/>
    <button onclick="deleteOption();">删除选项</button>
    <button onclick="addOption();">增加选项</button>
</body>
</html>
```

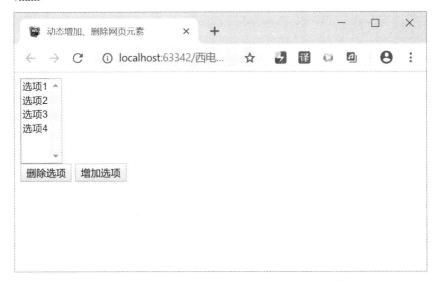

图 4-21　JavaScript 实现网页元素动态增加、删除

4. 动态添加事件处理程序

在 JavaScript 中，可以使用 addEventListener 方法动态地为元素添加事件处理程序，这个方法可以在元素上添加多个不同类型的事件监听器。这个方法的语法格式：

　　element.addEventListener('事件名'，事件处理句柄或函数);

我们通过一个简单的例子来展示一下如何为一个按钮动态添加一个点击事件：

在网页中，定义了一个 id 属性为：mybutton 的按钮：

　　<input type="button" id="mybutton">

通过以下 JavaScript 代码，可以为该按钮动态添加一个鼠标单击事件的处理程序：

```
//获取按钮元素
var button = document.getElementById('myButton');
//定义事件处理程序函数
function handleClick() {
    console.log('按钮被点击了!');
```

```
}
// 动态添加事件处理程序
button.addEventListener('click', handleClick);
```

4.8　BOM

　　BOM(Browser Object Model，浏览器对象模型)是 Web 编程的核心，该模型提供了很多对象和方法，用于对浏览器的访问。BOM 的核心对象是 window，它表示当前浏览器窗口的一个实例。例如前面代码中多次用到的 document 就是 window 对象一个很重要的属性。

BOM 的基本概念

　　window 对象的常用属性如表 4-9 所示。

表 4-9　window 对象的常用属性

属　性	描　述
closed	返回窗口是否已被关闭
defaultStatus	设置或返回窗口状态栏中的默认文本
document	对 document 对象的只读引用
history	对 history 对象的只读引用
innerHeight	返回窗口的文档显示区的高度
innerWidth	返回窗口的文档显示区的宽度
length	设置或返回窗口中的框架数量
location	用于窗口或框架的 location 对象
name	设置或返回窗口的名称
navigator	对 navigator 对象的只读引用
opener	返回对创建此窗口的窗口的引用
outerHeight	返回窗口的外部高度
outerWidth	返回窗口的外部宽度
pageXOffset	设置或返回当前页面相对于窗口显示区左上角的 X 位置
pageYOffset	设置或返回当前页面相对于窗口显示区左上角的 Y 位置
parent	返回父窗口
screen	对 screen 对象的只读引用
self	返回对当前窗口的引用。等价于 window 属性
status	设置窗口状态栏的文本
top	返回最顶层的先辈窗口
window	window 属性等价于 self 属性，它包含了对窗口自身的引用
screenLeft、screenTop、screenX、screenY	只读整数。声明了窗口的左上角在屏幕上的 X 坐标和 Y 坐标。IE、Safari 和 Opera 支持 screenLeft 和 screenTop，而 Firefox 和 Safari 支持 screenX 和 screenY

window 对象的常用方法如表 4-10 所示。

表 4-10 window 对象的常用方法

方 法	描 述
alert()	显示带有一段消息和一个确认按钮的警告框
blur()	把键盘焦点从顶层窗口移开
clearInterval()	取消由 setInterval()设置的 timeout
clearTimeout()	取消由 setTimeout()方法设置的 timeout
close()	关闭浏览器窗口
confirm()	显示带有一段消息以及确认按钮和取消按钮的对话框
createPopup()	创建一个 pop-up 窗口
focus()	把键盘焦点给予一个窗口
moveBy()	可相对窗口的当前坐标把它移动指定的像素
moveTo()	把窗口的左上角移动到一个指定的坐标
open()	打开一个新的浏览器窗口或查找一个已命名的窗口
print()	打印当前窗口的内容
prompt()	显示可提示用户输入的对话框
resizeBy()	按照指定的像素调整窗口的大小
resizeTo()	把窗口的大小调整到指定的宽度和高度
scrollBy()	按照指定的像素值来滚动内容
scrollTo()	把内容滚动到指定的坐标
setInterval()	按照指定的周期(以毫秒计)来调用函数或计算表达式
setTimeout()	在指定的毫秒数后调用函数或计算表达式

4.8.1 history 对象

history 对象包含用户(在浏览器中)访问的 URL,可通过 window.history 属性来访问用户的浏览历史。

history 对象

1. history 的 length 属性

length 属性用于返回浏览器访问历史列表中 URL 的数量。

2. history 方法

(1) back()方法:加载 history 列表中的前一个 URL。

(2) forward()方法:加载 history 列表中的后一个 URL。

(3) go(n)方法:加载 history 列表中的某个具体页面。n>0 向后跳转,n<0 向前跳转。go(1)等同于 forward()方法,go(-1)等同于 back()方法。

举一个简单的例子来展示一下 history 属性的使用方法。

第一个网页：historya.html。具体代码如下：

```
<!DOCTYPE html>
<html lang="en">
<head>
    <meta charset="UTF-8">
    <title>history 对象实例 a</title>
</head>
<body>
    <a href="javascript:location.href='historyb.html'">查看 history 实例</a>
</body>
</html>
```

在这个网页中，展示了另外一种在网页中嵌入 JavaScript 代码的方法，在<a>标签的 href 属性中通过"javascript:"来指示浏览器，当单击这个超链接时，要执行后面的代码 "location.href='historyb.html'"，通过将 location 对象的 href 属性设定为"historyb.html"，把当前浏览器的访问地址修改为 historyb.html，也就是跳转到 histroyb.html 这个网页。

第二个网页：historyb.html。具体的代码如下：

```
<!DOCTYPE html>
<html lang="en">
<head>
    <meta charset="UTF-8">
    <title>history 对象实例</title>
    <script type="text/javascript">
        for(var Property in window.history)
            window.document.write(Property+":"+window.history[Property]+"<br>");
    </script>
</head>
<body>
    <a href="navigator.html">navigator</a>
    <input type="button" value="后退" onclick="javascript:window.history.back();">
    <input type="button" value="前进" onclick="javascript:window.history.forward();">
</body>
</html>
```

这个网页，首先执行的代码是<script></script>标签之间的代码：

```
for(var Property in window.history)
    window.document.write(Property+":"+window.history[Property]+"<br>");
```

这个 for...in 循环遍历 window 对象的 history 属性集合，即 history 对象的所有属性和方法；然后通过调用 window.document.write()方法，将这些属性和方法输出在浏览器中。

在网页 historyb.html 中，定义了两个按钮，第一个按钮的 onclick 属性设定了这样一段代码：

javascript:window.history.back();

该代码在这个按钮被单击时执行，执行的是从访问历史中回退一步，也就是回到 historya.html 网页中。

第二个按钮的 onclick 属性执行的是从访问历史中前进一步的操作，调用的是 history 对象的 forward()方法。

4.8.2 navigator 对象

window.navigator 对象包含有关浏览器版本、厂商等信息。navigator 对象的相关属性和方法如表 4-11 所示。

navigator 对象

表 4-11 navigator 对象的相关属性和方法

属性/方法	描　　述
appCodeName	返回浏览器的代码名
appMinorVersion	返回浏览器的次级版本
appName	返回浏览器的名称
appVersion	返回浏览器的平台和版本信息
browserLanguage	返回当前浏览器的语言
cookieEnabled	返回指明浏览器中是否启用 cookie 的布尔值
cpuClass	返回浏览器系统的 CPU 等级
onLine	返回指明系统是否处于脱机模式的布尔值
platform	返回运行浏览器的操作系统平台
systemLanguage	返回操作系统使用的默认语言
userAgent	返回由客户机发送服务器的 user-agent 头部的值
userLanguage	返回操作系统的自然语言设置
javaEnabled()	规定浏览器是否启用 Java
taintEnabled()	规定浏览器是否启用数据污点(data tainting)

例如，userAgent 属性包含了浏览器类型、版本、操作系统类型、浏览器引擎类型等信息，可以通过这个属性来判断浏览器类型，从而设计兼容性更好的网页。下面这段代码可以检测出当前网页所使用的浏览器：

```
<script type="text/javascript">
    var u_agent = navigator.userAgent;
    var browser_name='Failed to identify the browser';
    if(u_agent.indexOf('Firefox')>-1){
        browser_name='Firefox';
    }else if(u_agent.indexOf('Chrome')>-1){
```

```
            browser_name='Chrome';
        }else if(u_agent.indexOf('Trident')>-1&&u_agent.indexOf('rv:11')>-1){
            browser_name='IE11';
        }else if(u_agent.indexOf('MSIE')>-1&&u_agent.indexOf('Trident')>-1){
            browser_name='IE(8-10)';
        }else if(u_agent.indexOf('MSIE')>-1){
            browser_name='IE(6-7)';
        }else if(u_agent.indexOf('Opera')>-1){
            browser_name='Opera';
        }else{
            browser_name+=', info:'+u_agent;
        }
        document.write('browser_name:'+browser_name+'<br>');
        document.write('u_agent:'+u_agent+'<br>');
    </script>
```

4.8.3　screen 对象

window.screen 对象包含了有关客户端屏幕的相关信息，在设计网页时可利用这些信息来优化网页的显示输出。screen 对象常用的属性如表 4-12 所示。

screen 对象

表 4-12　screen 对象常用的属性

属　　性	描　　述
availHeight	返回显示屏幕的高度(除 Windows 任务栏之外)
availWidth	返回显示屏幕的宽度(除 Windows 任务栏之外)
bufferDepth	设置或返回调色板的比特深度
colorDepth	返回目标设备或缓冲器上的调色板的比特深度
deviceXDPI	返回显示屏幕的每英寸水平点数
deviceYDPI	返回显示屏幕的每英寸垂直点数
fontSmoothingEnabled	返回用户是否在显示控制面板中启用了字体平滑
height	返回显示屏幕的高度
logicalXDPI	返回显示屏幕每英寸的水平方向的常规点数
logicalYDPI	返回显示屏幕每英寸的垂直方向的常规点数
pixelDepth	返回显示屏幕的颜色分辨率(比特每像素)
updateInterval	设置或返回屏幕的刷新率
width	返回显示屏幕的宽度

screen 对象中存放着有关显示浏览器屏幕的信息，JavaScript 程序将利用这些信息来优化它们的输出，以达到用户的显示要求。例如一个程序可根据显示器的尺寸选择使用大图像或小图像，它还可根据显示器的颜色深度选择使用十六位色或八位色的图形。

4.8.4 定时器

定时器

JavaScript 定时器相关的使用方法主要有两个：setTimeout() 和 setInterval()。用于实现一些需要定时触发或按照一定周期循环执行的应用逻辑。

1. setTimeout() 方法

setTimeout() 方法用于在指定的毫秒数后调用函数或计算某个表达式，其语法格式为：

```
setTimeout(code,millisec);
```

其中，参数 code 指定要调用的函数或者表达式，参数 millisec 用于设定执行 code 前需要等待的毫秒数。

setTimeout() 方法所指定的 code，只能在规定的时间执行一次，若需要按照一定的时间间隔重复执行，可在 setTimeout() 方法中再次设置 setTimeout()，或使用 setInterval() 方法来实现。

这里设计一个简单的网页来演示 setTimeout() 的使用方法。这个网页中有一个按钮，当点击该按钮后，经过 5 s，就会在当前浏览器中显示一个提示已经过去 5 s 的对话框。其执行效果如图 4-22 所示。

图 4-22 setTimeout() 方法实例

```
<!DOCTYPE html>
<html lang="en">
<head>
    <meta charset="UTF-8">
    <title>setTimeout 定时器案例</title>
    <script type="text/javascript">
```

```
        function timedMsg()    {
            var t=setTimeout("alert('5 seconds!')",5000)
        }
    </script>
</head>
<body>
    <input type="button" value="显示计时的消息框！" onclick = "timedMsg();">
    <h3>点击上面的按钮，5 秒钟后会显示一个消息框。</h3>
</body>
</html>
```

2. setInterval()方法

setInterval()方法可按照指定的周期(以毫秒计)来调用函数或计算表达。其语法格式为：

```
setInterval(code, millisec);
```

其中，参数 code 和 millisec 与 setTimeout()方法中的参数作用相同，只是 setInterval()方法会不停地调用函数，直到 clearInterval()被调用或窗口被关闭。由 setInterval()方法返回的 ID 值可用作 clearInterval()方法的参数。

我们编写一个网页来展示 setInterval()的使用方法，这个网页中，有一个文本框会显示当前的日期和时间，每隔 1 s 会刷新一下这个文本框中的内容，达到实时显示当前时间的效果。单击另一个按钮，可以让定时器停止，即文本框中的时间不再实时更新。其执行效果如图 4-23 所示。

```
<!DOCTYPE html>
<html lang="en">
<head>
    <meta charset="UTF-8">
    <title>setInterval 定时器实例</title>
    <script language=javascript>
        var tHandler=self.setInterval("clock()",1000);
        function clock()          {
            var t=new Date();       //获取当前日期和时间对象
            document.getElementById("clock").value=t;
        }
    </script>
</head>
<body>
    <input type="text" id="clock" size="35" />
    <button onclick="temp=window.clearInterval(tHandler)">Stop interval</button>
</body>
</html>
```

图 4-23　setInterval()方法实例

上面代码中，首先执行下面这段代码：

```
tHandler=self.setInterval("clock()",1000);
```

该代码用于设置一个定时器，每隔 1000 ms 执行 clock()函数，返回的定时器句柄存储在变量 tHandler 中，这个句柄在相应<button>按钮的 onclick 事件被 clearInterval()方法使用，来停止定时器。

3. 使用定时器实现图片轮播效果

我们在上网浏览信息的时候，特别是在一些电商网站上浏览产品时，经常会遇到产品轮播的内容。例如京东网站首页上就有一个这样的轮播图，如图 4-24 所示。

图 4-24　轮播图

要实现这样一个轮播图，就要用到前面所学到的 setTimeout()方法。首先编写 HTML5 代码，把要显示的图片和轮播图下面的按钮放在一个 div 中。HTML5 代码如下：

```
<div id="focus">
    <img src="images/focus.jpg"/>
```

```
<img src="images/focus1.jpg"/>
<img src="images/focus2.jpg"/>
<img src="images/focus3.jpg"/>
<img src="images/focus4.jpg"/>
<ul id="page-con">
    <li>1</li>
    <li>2</li>
    <li>3</li>
    <li>4</li>
    <li>5</li>
</ul>
</div>
```

轮播图下方的 5 个圆形按钮,是通过 CSS3 新增的 border-radius 可实现圆角效果的样式实现的,样式代码如下:

```
#page-con li {
    display:inline-block;
    font-size:12px;
    width:18px;
    height:18px;
    line-height:18px;
    /* 以百分比定义圆角形状*/
    border-radius:50%;
    color:white;
    background-color:#3e3e3e;
    coursor:pointer;
}
```

要实现图片的自动轮播,可通过设置一个定时器来实现。在定时器中,轮换显示指定的图片。基本的编程思路如下:

(1) 定义一个指示当前播放图片序号的变量 page,将其初始化为–1。

(2) 定义一个定时执行的函数 slide(),在该函数中,实现图片轮播效果。

① page 变量的值加 1。

② 如果 page 变量的值超过了轮播图片的数量,则将其重置为 0。

③ 将所有轮播图片的显示样式设置为隐藏。

④ 将 page 变量所指示的图片显示样式设置为正常显示。

⑤ 将轮播图下面的按钮背景色统一设置为黑色。

⑥ 将 page 变量所指示当前图片序号的按钮背景设置为红色。

实现图片轮播的 JavaScript 源代码如下:

```
<script type="text/javascript">
```

```
window.onload = function() {
    //console.log("test message");
    var page = -1;        //轮播显示图片下标
    var len = 5;          //轮播显示 5 张图片
    var stop = true;      //是否停止轮播
    //获取存放图片的 div 对象
    var divFocus = document.getElementById("focus");
    //获得 div 中所有的 img 对象
    var imgs = divFocus.getElementsByTagName("img");
    //获得 div 中所有的 li 对象
    var lis = divFocus.getElementsByTagName("li");
    var i;

    /*实现图片轮播的函数*/
    function slide() {
        if(stop) {
            page++;                //当前轮播下标+1，轮播到下一张图片
            if(page == 5) {
                page = 0;          //轮播到最后一张，再从第一张图片开始
            }
            //让张图片都隐藏起来，按钮背景色设为灰色
            //将该 div 中的所有图片对象的显示方式设置为 none
            for(i=0;i<imgs.length;i++) {
                imgs[i].style.display = "none";
            }
            //将 div 中所有按钮的背景色设置为灰色
            for(i=0;i<lis.length;i++) {
                lis[i].style.background = "#3e3e3e";
            }
            //让 page 对应的那个图片显示出来，对应的按钮背景高亮显示
            imgs[page].style.display = "inline-block";
            lis[page].style.background = "#b61b1f";
        }
        setTimeout(slide,1500);
    }
    //启动图片轮播函数
    slide();
    /*设置鼠标悬停：轮播停止；鼠标移开：轮播继续*/
    divFocus.onmouseover = function() {
```

```
            stop = false;   //轮播停止
        }
        divFocus.onmouseout = function() {
            stop = true;   //轮播继续
        }
    }
```

上面这段代码中，设置了一个图片轮播是否停止的控制变量 stop，该变量的初始值为 true，表示图片轮播开始。当鼠标在图片上面悬停时，将其设置为 false，停止图片轮播；鼠标离开图片时，将其设置为 true，这样就实现了鼠标悬停在轮播图上方轮播停止的效果。

轮播图下面通常会有几个指示当前播放图片序号的按钮，当鼠标单击相应按钮时，轮播图会跳转到显示指定序号的图片，这个功能是通过响应<li>标签的鼠标单击事件(onclick)来实现的。使用 this 关键字来获取当前的鼠标单击对象，再通过访问该对象的 innerHTML 属性，来获得图片的序号，将其赋值给播放图片序号的变量 page。其详细代码如下：

```
/*鼠标单击按钮，播放对应的图片 */
for(i=0; i<lis.length; i++) {
    lis[i].onclick = function() {
        //获得所点击 li 对象的序号赋值给 page
        page = this.innerHTML - 1;
        //将所有图片设置为隐藏，按钮的背景设置为灰色
        for(var j=0; j<imgs.length; j++) {
            imgs[j].style.display = "none";
        }
        for(var j=0; j<lis.length; j++) {
            lis[j].style.background = "#3e3e3e";
        }
        //让 page 对应的那个图片显示出来，对应的按钮背景高亮显示
        imgs[page].style.display = "inline-block";
        lis[page].style.background = "#b61b1f";
    }
}
```

4.9　案例：腾讯网首页搜索框下拉菜单

通过这一章的学习，我们掌握了 JavaScript 的基本语法。在实际网页设计中，JavaScript 通常用于实现网页的交互功能。下面我们在上一章案例的基础上，使用 JavaScript 来实现腾讯网首页搜索框下拉菜单的动态显示效果。

4.9.1　获取指定的 HTML5 元素对象

使用 JavaScript 对网页中的 HTML5 元素进行控制，首先要获得该HTML 对象。通常使用 document 对象的 getElementById()方法，来获得指定 id 属性值的 HTML5 对象。下面这 3 条语句，分别为用户获得显示提示信息的容器(<div>)对象、显示提示信息的<span>对象及下拉菜单的<ul>对象。

获取指定的
HTML5 元素对象

```
var inner_prompt_div = document.getElementById("inner_prompt");
var inner_spanobj = document.getElementById("inner_span");
var menuitem = document.getElementById("menuitem");
```

同样，为了能够实现鼠标在<ul>下拉菜单的鼠标移入移出效果及鼠标单击后更改<span>标签中的提示信息，还需调用 menuitem 对象的 getElementsByTagName()方法，已获得<ul>中的<li>对象、<a>对象。

```
var liobj = menuitem.getElementsByTagName("li");
var linkobj = menuitem.getElementsByTagName("a");
```

4.9.2　设置 HTML5 对象的响应事件

获得了指定的 HTML5 元素对象后，我们就可以为该对象指定具体要响应的事件。如当鼠标移入提示信息区域时，需要把使用<ul>标签实现的下拉菜单(menuitem)显示出来。为 inner_prompt_div 对象的onmouseover 属性指定一个函数(function)，在这个函数中，把 menuitem对象的 display 属性设置为"block"，即可将其显示出来。具体代码如下：

设置 HTML5 对象
的响应事件

```
inner_prompt_div.onmouseover = function() {
    menuitem.style.display = "block";
    inner_spanobj.style.backgroundPositionX="40px";    //下拉菜单显示位置
    inner_spanobj.style.backgroundPositionY="-16px";
}
```

上面代码中的两条语句：

```
inner_spanobj.style.backgroundPositionX="40px";
inner_spanobj.style.backgroundPositionY;,
```

是通过指定<span>标签的背景图坐标的方式，实现右侧箭头的动态切换。

当鼠标从下拉菜单中移出时，需要将下拉菜单的<ul>对象的显示方式设置为"none"，以实现下拉菜单隐藏的效果，具体代码如下：

```
menuitem.onmouseout = function() {
    menuitem.style.display = "none";
    inner_spanobj.style.backgroundPositionX="40px";
    inner_spanobj.style.backgroundPositionY="14px";
}
```

4.9.3　实现下拉菜单的鼠标移入移出效果

实现下拉菜单的鼠标
移入移出效果

下拉菜单是通过<ul>标签中的<li>标签来实现的。要实现鼠标移入移出效果，要对<ul>标签中的所有<li>对象进行遍历，分别设置它们的鼠标移入、移出响应的事件，具体代码如下：

```
for(var i=0; i<liobj.length; i++) {              //遍历所有的<li>元素
    liobj[i].onmouseover = function() {
        this.style.borderBottomColor = "red";    //添加红色下划线
        this.style.borderBottomStyle = "solid";
        this.style.borderBottomWidth = "2px";
    }
    liobj[i].onmouseout = function() {
        this.style.border = "none";
    }
}
```

上面这段代码中，使用一个 for 循环，对 liobj 集合中的所有对象进行遍历，然后分别设置它们的 onmouseover 属性和 onmouseout 属性，以响应鼠标移入、移出事件。

在 onmouseover 属性所指定的函数(function)中，使用了 this 指针来指向当前的对象，设置该对象的下边框为 2 px 的红色实线，这样就实现了鼠标移动到下拉列表选项时，下面显示一条红色线的效果。

在 onmouseout 属性所指定的函数中，将当前对象的边框设置为"none"，可实现鼠标移出时下拉菜单的下面的红线不再显示。

实现下拉菜单的
鼠标单击效果

4.9.4　实现下拉菜单的鼠标单击效果

鼠标在下拉菜单单击后，一是要将下拉菜单隐藏起来，通过把下拉菜单的 display 属性设置为"none"来实现；二是要把鼠标所单击的下拉菜单选项的内容显示在提示区域的<span>标签中。

实现下拉菜单的鼠标单击效果，要对<ul>标签中所有的<a>标签的 onclick 事件进行响应。

```
for(var i=0; i<linkobj.length; i++)
{            //遍历<ul>中所有的<a>元素
    linkobj[i].onclick = function() {
        inner_span.innerHTML = this.innerHTML;
        menuitem.style.display = "none";
        inner_spanobj.style.backgroundPositionX="40px";
        inner_spanobj.style.backgroundPositionY="14px";
    }
}
```

上面这段代码中，用到了 innerHTML 属性，使用 this.innerHTML 获取当前鼠标单击对象的文字，将其赋值给<span>对象的 innerHTML 属性，实现了<span>标签显示鼠标所单击下拉菜单选项内容的效果。

练习与实践

一、选择题

1. 下列说法正确的是(　　　)。

A. JavaScript 是一种解释型的语言

B. JavaScript 是一种强类型的语言

C. 必须安装 JAVA 虚拟机才能运行 JavaScript

D. JavaScript 可以读/写到客户端硬盘上的文件

2. JavaScript 源文件的扩展名一般是(　　　)。

A. HTML　　　　　　　　　　　　B. BODY

C. js　　　　　　　　　　　　　　D. DIV

3. JavaScript 语法中，不正确的变量定义是(　　　)。

A. var a;　　　　　　　　　　　　B. var _a;

C. var a11　　　　　　　　　　　 D. var 2a

4. JavaScript 中，window.alert 命令是(　　　)。

A. 关闭文件命令　　　　　　　　　B. 弹出信息的命令

C. 打开文件命令　　　　　　　　　D. 输出命令

5. 有关 JavaScript 语句，下列说法错误的是(　　　)。

A. 单行注释语句是在需要注释的行前面用//

B. 多行注释语句是在需要注释的文字两端加"/* 注释文字*/"

C. with 语句的功能是为一段程序建立默认对象

D. JavaScript 中没有 if...else 语句

二、填空题

程序填空：图 4-25 中的 3 个按钮分别用于设置文本域 textarea 的清空、将字体设为 20px、加粗等功能。请将代码填写完整，以实现相应的功能。

```
<style type="text/css">
textarea{
    width:400px;
    height:200px;
    font-size:12px;
}
input{
    width:100px;
```

```
        height:30px;
        font-size:14px;
}
</style>
<script type="text/javascript">
    function clearContent(){
                _____/*1.清空文本域#resume 的内容*/
    }
    function bigFont(){
                 _____/*2.设置文本域#resume 的字体为 20px*/
    }
function boldFont(){
            ele.style.fontWeight="bold";   /*设置文本域#resume 的文本加粗显示*/
    }
</script></head>
<body>
<form action="#" method="post">
  <textarea   id="resume">个人简历</textarea>
  <br /><br />
  <input type="button" value="清空" onclick="clearContent();" />
  <input type="button" value="大字体显示" onclick="bigFont()" />
  <input type="button" value="加粗" onclick="boldFont()"    />
</form>
<script type="text/javascript">
        var ele=_____/*3.获取文本域 textarea 元素*/
    </script>
</body>
```

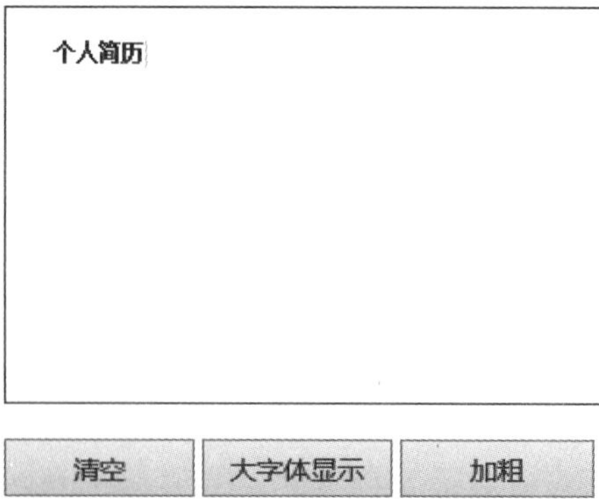

个人简历

| 清空 | 大字体显示 | 加粗 |

图 4-25   填空题

三、编程实践

1. 编写一个函数，在页面上输出 1～1000 之间所有能同时被 2、5、9 整除的整数，并要求每行显示 5 个这样的数。

2. 编写 JavaScript 程序，在页面中显示系统的当前日期，且能够动态显示时间(时、分、秒动态显示)(参见图 4-26)。例如显示 2019 年 3 月 20 日，19:45:26。

一个简单的数字时钟

上午10:02:21

图 4-26　编程实践题 2 用图

3. 编写一个实现用户登录验证的网页，用 JavaScript 对用户输入数据的合法性进行检测。

(1) 网页的初始界面如图 4-27 所示。

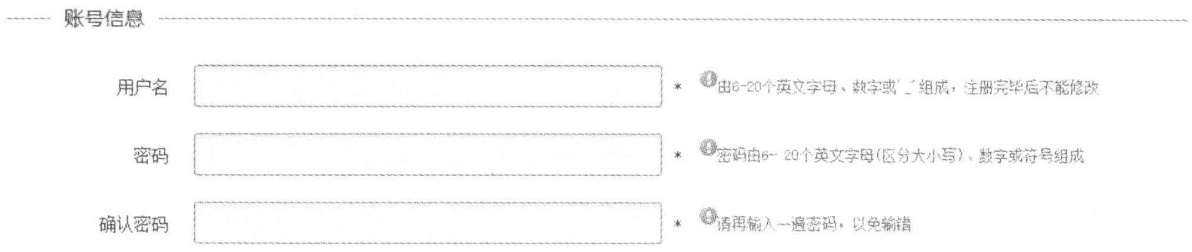

图 4-27　编程实践题 3 用图(一)

(2) 离开用户名输入框，如果输入内容不合法(含有非数字、字母之外的字符)，显示界面变为如图 4-28 所示。

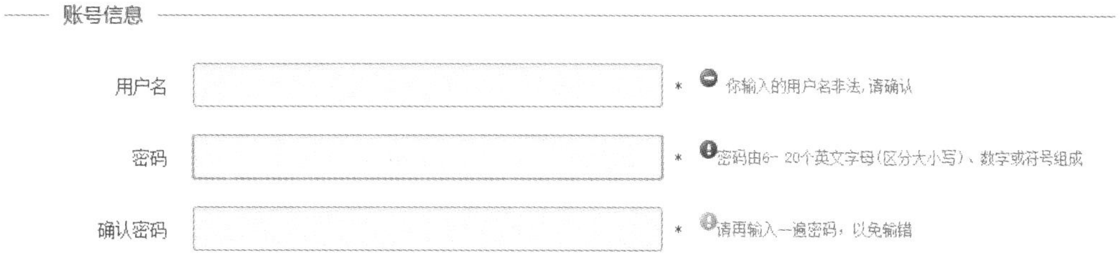

图 4-28　编程实践题 3 用图(二)

(3) 如果确认密码和密码框中的内容不一致，显示界面变为如图 4-29 所示。

图 4-29　编程实践题 3 用图(三)

(4) 当用户输入的信息完全符合要求时，则显示界面变为如图 4-30 所示。

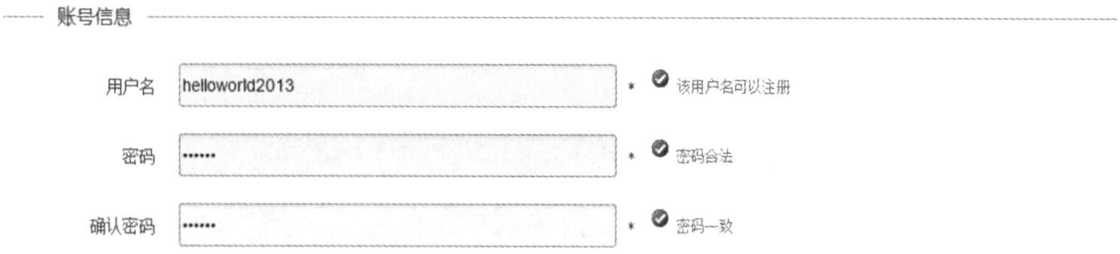

图 4-30   编程实践题 3 用图(四)

第5章 网页设计综合案例

前几章介绍了 HTML5 相关标签、CSS3 样式属性、布局及 JavaScript 的相关知识，本章将运用前面学过的知识开发一个网页——腾讯网站的首页。

5.1 网站介绍及定位

腾讯网(http://www.qq.com)作为门户网站，从 2003 年创立至今，已经成为集新闻信息、区域垂直生活服务、社会化媒体资讯和产品于一体的互联网媒体平台。如图 5-1 所示，腾讯网首页下设新闻、科技、财经、娱乐、体育、汽车、时尚等多个频道，充分满足用户对不同类型资讯的需求，同时专注不同领域内容，打造精品栏目。腾讯网首页具有一定的代表性，设计该网页综合应用到了 HTML5、CSS3 和 JavaScript 等技术。

网站介绍及定位

图 5-1 腾讯网站首页

5.2 准 备 工 作

5.2.1 建立站点

站点对于制作和维护一个网站很重要，它能够帮助我们系统地管理网站中的各类文件。一个网站通常包括图片文件，网页文件、样式文件和脚本文件等。建立站点就是创建一个存放网站文件的文件夹，并对其中的文件进行合理地分类和管理。在网站文件夹中，创建文件夹对文件进行分类，创建 images 文件夹来管理图片文件，创建 css 文件夹来管理样式文件等，这样就形成了清晰的站点组织结构图，方便增加或删除网站的文件，这对网站本身的上传维护、移植等都有重要的影响。

建立站点

下面介绍使用 WebStorm 创建网站的过程：

(1) 创建项目网站根目录。在 E 盘下(或其他位置)创建"腾讯首页"文件夹，作为网站根目录。

(2) 在根目录下新建"css""images""js"文件夹，用于存放网站所需的 css 文件、图片文件和 JavaScript 脚本文件。

(3) 新建站点项目。在 WebStorm 菜单栏中，选择菜单项【File】→【New】→【Project...】，如图 5-2 所示。在弹出的窗口中选择项目位置为 E:\腾讯首页，如图 5-3 所示，完成站点的创建。

图 5-2　新建项目

图 5-3　选择项目位置

(4) 在左侧项目的窗口中显示项目的目录结构，如图 5-4 所示。可在这个窗口中对项目网站文件进行管理。

图 5-4　项目网站目录结构

(5) 站点文件创建。选择菜单项【File】→【New】→【HTML File】，命名为 index.html,
保存在网站根目录下；选择菜单项【File】→【New】→【Stylesheet】，命名为 index.css,
保存在网站 css 文件夹下；选择菜单项【File】→【New】→【JavaScript File】，命名为 index.js,
保存在网站 js 文件下。具体可参考图 5-5。

图 5-5　新建站点文件

5.2.2　素材准备

由于是模仿设计腾讯网站首页，因此需要网站上的各类图片或视频。下面介绍几种获
取网站上图片的方法。

1. 使用"图片另存为..."方法来获取图片

打开网站首页，选中所需要的图片，单击右键，选择"图片另存为..."，将图片保存
在网站根目录 images 文件下。以获取腾讯网 logo 为例，选择 logo 图片并单击鼠标右键，
选择"图片另存为..."，将该图片保存在网站根目录 images 文件夹下，如图 5-6 所示。

素材准备

图 5-6　图片另存为

2. 通过网站源代码获取图片的地址获取图片

打开网站首页，使用快捷键 F12 打开程序开发模式窗口。单击最左侧的 <img> 按钮，然后移动鼠标到所需获取的图片位置单击，在程序开发模式窗口中就显示出该部分的代码，找到图片的地址进行复制，如图 5-7 所示。再在浏览器中打开该图片，然后将图片保存在网站根目录 images 文件夹下，如图 5-8 所示。

需要说明的是，复制到浏览器中的地址前要添加"http:"，如 http://ra.gtimg.com/web/default_ fodders/920x75_0.jpg?v=20171024"。

图 5-7　通过网站源代码获取背景图片步骤

图 5-8　打开背景图片

5.3　网页布局分析

从网页的效果图可知整个页面分为头部、导航、广告、焦点轮播图、快速链接、主体部分和版权信息 7 个模块，如图 5-9 所示。

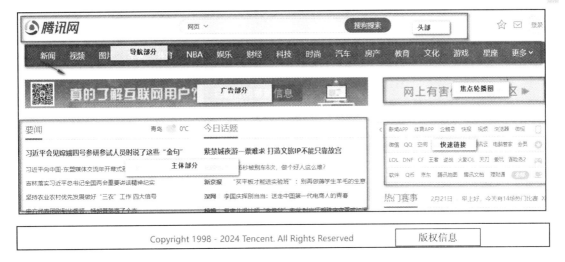

图 5-9　首页结构图

5.3.1　网页整体布局

网页布局分析

　　采用 div+css 对网页进行布局设计，遵循内容和样式分离原则，可使网站的页面结构更加清晰和有条理。对腾讯网首页页面进行整体布局，具体代码如下：

```
<!DOCTYPE html>
<html>
<head>
    <meta charset="gb2312">
    <title>腾讯首页</title>
    <meta content="资讯，新闻，财经，房产，视频，NBA，科技，腾讯网，腾讯，QQ，Tencent"
name="Keywords">
    <link rel="stylesheet" href="css/index.css" type="text/css" charset="utf-8">
</head>
<body>
<div class="layout">
    <!--头部开始-->
    <div class="qq-top">
    </div>
    <!--头部结束-->
    <!--导航开始-->
    <div class="qq-nav">   </div>
    <!--导航结束-->
    <!--广告开始-->
    <div class="qq-gg">
```

```
    </div>
    <!--广告结束-->
    <!--主体内容开始-->
    <!--要闻开始-->
    <div class="qq-main">
    </div>
    <!--要闻结束-->
    <!--主体内容结束-->
</div>
</body>
</html>
```

5.3.2　标签页图标和文字显示

打开一个网站时，在网站的标签上显示的图标称为标签页图标。腾讯网的标签页图标显示如图 5-10 所示。

标签页图标和文字显示

图 5-10　腾讯标签页图标和标题文字显示

在 head 头标签中添加如下代码即可实现：

```
<link rel="shortcut icon" href="favicon2.ico"   type="image/x-icon">
```

一般要求标签页图标格式是.ico，文件名一般为 favicon，favicon 是 favorites.icon 的缩写。对于不同的浏览器要求不同。IE 浏览器要求 favicon.ico 文件必须放置在网站根目录下，浏览器会自动检索。而火狐浏览器和谷歌浏览器对图标格式没有 IE 那么严格，GIF 和 PNG 格式的图标也可以显示，图标名称也可以不是 favicon，文件位置也可以不是网站根目录。

5.3.3　定义公共样式

为清除浏览器和各个 HTML5 元素的默认样式，使网页在各浏览器中显示的效果一致，通常要对元素的 CSS3 样式进行初始化，并声明一些通用的样式。在 index.css 样式文件中编写通用样式的代码如下：

定义公共样式

```
/* 重置浏览器的默认样式*/
body, ol, ul, li, h1, h2, h3, h4, h5, h6, p, th, td, dl, dd, form, fieldset, legend, input, textarea,
select{margin:0px; padding:0px; list-style:none;}
/* 设置图片样式*/
img{border:0; vertical-align:top}
/* 设置页面字体大小*/
body{font-size:16px}
```

/* *设置超级链接文字的样式*/*

a{color:#333; text-decoration:none}

/* *设置鼠标移至超级链接文字的样式*/*

a:hover{color:#0c82ff}

5.3.4　定义页面大小

定义页面大小

定义页面的初始宽度为 1000 px，当屏幕宽度超过 1400 px 时，可进行页面宽度的调整，使用@media 属性完成。

设置页面宽度的 CSS3 样式代码如下：

/*设置页面宽度为 1000px */

.layout{width:1000px;margin:0 auto}

@media 属性可针对不同的屏幕尺寸设置不同的样式，特别是需要设置设计响应式的页面时，@media 是非常有用的。在重置浏览器大小的过程中，页面也会根据浏览器的宽度和高度重新渲染页面。

例如若文档宽度小于 1400 px，则修改背景颜色(background-color)：

```
@media screen and (max-width: 1400px)   {
    body   {
        background-color:lightblue;
    }
}
```

5.3.5　浮动效果的实现

浮动效果实现

本案例中，为实现层与层之间的布局，使用了浮动功能，特别定义了两个类选择器 fl 和 fr 样式，以方便引用。.fl 用于左浮动，.fr 用于右浮动。

```
.fl{
    float:left;
}
.fr{
    float:right;
}
```

5.4　头部分析与实现

5.4.1　效果图分析

接下来设计实现腾讯网首页中的头部，显示效果如图 5-11 所示。

图 5-11　头部显示效果

　　头部由 3 部分组成：左边是腾讯网的 Logo；中间是一个文本搜索框。当鼠标移动到文本框左侧时，会显示一个下拉列表，鼠标单击列表选项后选择的文字会更新到文本框左侧，显示效果如图 5-12 所示；右边是 3 个按钮，当鼠标移动到相应按钮上时，按钮会通过切换成另外一张图片且加亮显示。

图 5-12　文本搜索框效果图

5.4.2　头部布局分析

　　头部采用左、中、右三栏居中布局方式，按照内容和表现形式分离的网页设计原则，采用 div+css 技术，使用 div 布局结构，代码如下：

```
<!--头部开始-->
<div class="qq-top">
    <!-- logo 开始  -->
    <div class="top-logo"></div>
    <!-- logo 结束  -->
    <!-- 搜索框开始  -->
    <div class="top-search" ></div>
    <!-- 搜索框结束  -->
    <!-- 登录开始  -->
    <div class="top-login"   >
    </div>
    <!-- 登录结束  -->
</div>
<!--头部结束-->
```

头部布局分析

5.4.3　左侧的腾讯 Logo 图片

　　在 top-logo 层中添加 img 标签，设置 src 属性为腾讯的 Logo 图片，代码如下：

左侧的腾讯 Logo 图片

```
<!-- logo 开始  -->
<div class="top-logo">
    <img src="images/qq_logo_2x.png" width="130px" height="35px" />
</div>
<!-- logo 结束  -->
```

.qq-top、.top-logo 类选择器的 CSS 样式代码如下：

```
.qq-top{height:80px;}
.qq-top .top-logo {
    width: 132px;
    height: 35px;
    margin: 20px 0 0; /* 上边距是 20px,左右边距是 0*/
    float:left;
}
```

5.4.4　中间的搜索框代码实现

搜索框由 4 部分组成：显示搜索类别的层、一个下拉列表、用于输入文字的文本框和按钮。下拉列表可用列表来实现，显示在搜索类别层的下面，可通过绝对定位来实现。文本框和按钮用表单元素来实现。

1．搜索框圆角矩形的实现

搜索框用定义一个 class 为 top-search 的层并设置该层 border-radius 属性来实现圆角矩形。通过设置其 width 和 height 属性来限制搜索框的大小，设置 border 边框属性和 background-color 背景颜色来突出效果，设置 margin 属性来固定层的位置，设置 float 为 left 来实现和头部其他两个层之间的左、中、右布局。其具体代码如下：

中间的搜索框代码实现(一)

div 层代码如下：

```
<!-- 搜索框开始  -->
<div class="top-search" ></div>
<!-- 搜索框结束  -->
```

.top-search 类选择器的 CSS3 代码如下：

```
.top-search{
    width:450px;
    height:32px;
    line-height:32px;
    border:1px solid #dfdfdf;/*设置层的边框样式*/
    background-color:#f3f6f8;/*设置背景颜色样式*/
    /*  匹配不同浏览器的圆角边框*/
    -webkit-border-radius:20px;
    -moz-border-radius:20px;
```

```
        -ms-border-radius:20px;
        -o-border-radius:20px;
        border-radius:20px;
        /*设置左浮动效果*/
        float:left;
        /*设置该搜索框边距,上边距为 23px,左边距为 218px*/
        margin:23px 0 0 218px;
    }
```

2. 搜索框的布局实现

搜索框的布局实现具体代码如下:

```
    <!-- 搜索框开始 -->
    <div class="top-search" >
    <form id="searchForm"    target="_blank">
        <!-- 搜索类型选择：下拉列表框开始-->
        <div class="searchMenu fl">
            <div class="searchSelected" id="searchSelected">网页</div>
            <div class="searchTab" id="searchTab" >
                <ul>
                    <li class="selected">网页</li>
                    <li >图片</li>
                    <li>视频</li>
                    <li>音乐</li>
                    <li>地图</li>
                    <li>问问</li>
                    <li>百科</li>
                    <li>新闻</li>
                    <li>购物</li>
                </ul>
            </div>
        </div>
        <!-- 搜索类型选择：下拉列表框结束-->
        <!-- 文本框开始-->
        <input id="sougouTxt" type="text" autocomplete="off">
            <!-- 文本框结束-->
            <!--搜索按钮开始-->
            <div class="fr">
                <button id="searchBtn" class="searchBtn" type="submit">搜狗搜索
            </button>
```

```
            </div>
        <!--搜索按钮结束-->
        </form>
    </div>
    <!-- 搜索框结束 -->
```

以上代码中，在 class 为 top-search 的层中包含了 class 为 searchMenu、fr 的两个层和一个文本框，在 class 为 searchMenu 的层中包括了两个层，分别用于定义显示搜索的类型和下拉列表，class 为 fr 的层中用来设置按钮。网页效果显示如图 5-13 所示。

图 5-13　搜索框的布局实现效果图

3. searchMenu 层 CSS3 样式分析与设计

searchMenu 层 中 包 括 两 个 层：一 个 是 class 为 searchSelected 的层，用于显示选中的搜索类型；一个是 class 属性为 searchTab 的层，用于显示列表。这两个层是上、下布局，searchTab 层显示在 searchSelected 层下方的位置。

中间的搜索框代码实现(二)

searchMenu 层的样式的代码如下：

```
.searchMenu{
    position:relative; /* 设置定位方式为相对定位 */
    width:68px;
    color:#404040
}
```

以上代码中，"color:#404040"设置字体颜色为"#404040"；"position:relative;"设置定位方式为"相对定位"，此属性是为 searchTab 的绝对定位指定父容器层。

4. searchSelected 层的样式

searchSelected 层的样式代码如下：

```
.searchSelected{
    position:relative;      /*设置定位方式为相对定位，相对::after 而言*/
```

```
        padding:0 19px;
        cursor:pointer;
        font-size:14px;
    }
```

以上代码中，"font-size:14px;"设置该层中的字体大小为"14px"；"cursor:pointer;"设置当鼠标移至该层时，鼠标指针变成手的形状；"padding:0 19px;"设置该层中文字的内边距，左右内边距为 19 px。

5. searchTab 层的样式

searchTab 层的样式代码如下：

```
.top-search .searchMenu .searchTab{
    display:none; /*设置默认不可见*/
    position:absolute;/* 设置定位方式为绝对定位,相对父容器层 top-search */
    top:33px; /* 圆角矩形框的下方 */
    left:0;
    padding:0 19px;
    background-color:#fff;
    text-align:center;
    z-index:20
}
```

以上代码中，"display:none;"设置该层初始不可见，"position:absolute;"设置定位方式为"绝对定位"，相对父容器层 top-search 而言；"top:33px; left:0;"用于设置绝对定位的位置，距离父容器 top-search 上边距 33px、左边距 0px；"padding:0 19px;"设置层中文字的边距，和 searchSelected 的 padding 一致，起到上下对齐的效果；"z-index:20"的作用是让该层显示在其他元素的前面。

6. 下拉列表 searchTab 层

该层默认是不可见的，当用鼠标滑过"网页"文字附近时，该层显示，因此设置选择器 searchMenu：hover .searchTab 的样式属性 display 值为 block 即可。代码如下：

```
.top-search .searchMenu:hover .searchTab {
    display:block;

}
```

7. searchTab 层中列表项 li 的样式

searchTab 层中列表项 li 的样式代码如下：

```
.top-search .searchMenu .searchTab li{
    font-size:14px;
    color:#a8a8a8;
    cursor:pointer; /* 设置鼠标指针变成手的形状 */
    border-bottom:3px solid #FFF;
```

```
        }
```

以上代码中，"color:#a8a8a8;"将列表中的文字颜色变浅一些；"border-bottom:3px solid #FFF;"设置下边框线的线型为实线，宽度为 3 px，颜色为白色。

当鼠标在列表项之间滑动，或默认选中的列表项的下边框和字体颜色突出显示时，代码"color:#404040;"将字体颜色变深，"border-bottom-color:#f2630a;"将下边框颜色变为红色。

8. 鼠标滑动时列表项的样式及默认选中的 li 的样式

鼠标滑动时列表项的样式以及默认选中的 li 的样式代码如下：

```
.top-search .searchMenu .searchTab li.selected,.top-search .searchMenu .searchTab li:hover{
        color:#404040;/*  设置字体颜色*/
        border-bottom-color:#f2630a   /*设置下边框颜色*/
}
```

在以上代码中，使用了伪类选择器 hover,hover 选择器匹配用户鼠标悬停(经过)在其上的任意元素，li:hover 选择器是指鼠标经过或悬停在列表项时要设置的样式；逗号","将类选择器 li.selected 和伪类选择器 li:hover 分割，表示这两个选择器使用了相同的样式。

通过以上设置，完成的实际效果如图 5-14 所示。

图 5-14　鼠标滑动时的效果

9. 文本框标签 input 的 CSS3 样式分析与设计

左侧的 searchMenu 层和文本框右侧的按钮是左、中、右的布局。设置 float 属性为 left；设置 width 和 height 属性，确定文本框的大小；设置 line-height 属性，让其中的文字在框中垂直居中；设置 background 属性为 none，去掉其他定义继承的背景色，无背景颜色，显示父层的背景颜色；为看到测试效果，设置 border 的属性，测试后，可将"border:#63F 1px solid;"代码删除。

文本框 input 的 CSS3 代码如下，具体效果图 5-15 所示。

```
.top-search input{
        float:left;
        border:#63F 1px solid;
        font-size:14px;
        line-height:22px;
        width:250px;
        height:24px;
```

```
padding:4px 10px;
background:none
}
```

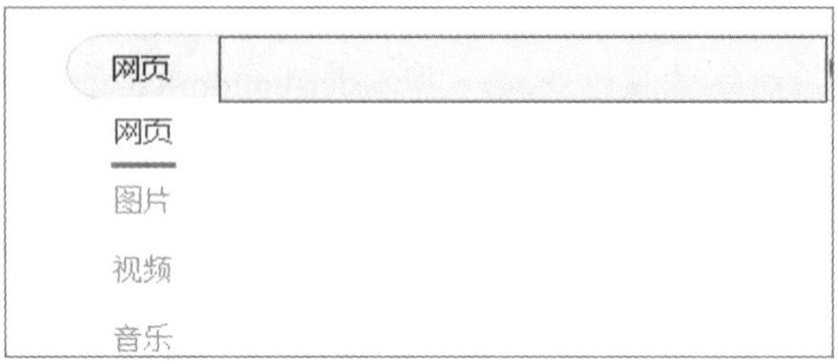

图 5-15　文本框样式效果

10. 按钮层 fr 的 CSS3 样式分析与设计

按钮层设计视图代码如下：

```
<!--搜索按钮开始-->
<div class="fr">
    <button id="searchBtn" class="searchBtn" type="submit">搜狗搜索</button>
</div>
<!--搜索按钮结束-->
```

从效果上看，该按钮是圆角矩形，蓝色背景色。首先在外面使用一个 class 为 fr 的层来实现右浮动，显示在 searchMenu 层的最右边；再设置 class 为 searchBtn 的按钮元素的 height、border-radius、background 及 color、font-family、border 等属性，从而达到要实现的效果。其具体代码如下，效果如图 5-16 所示。

中间的搜索框代码实现(三)

```
.fr{
    float:right;
}
.searchBtn{
    border:none;
    height:32px; /* 高度和 top-search 高度相同*/
    line-height:32px;/*文字垂直居中显示*/
    padding:0 23px;/*设置文字的内边距*/
    color:#FFF; /*设置字体颜色为白色*/
    background-color:#1479d7; /*设置背景颜色为蓝色*/
    /*以下 5 条 border-radius 属性设置圆角矩形，适合于不同的浏览器*/
    -webkit-border-radius:20px;
    -moz-border-radius:20px;
    -ms-border-radius:20px;
    -o-border-radius:20px;
    border-radius:20px;
```

font-size:16px;/*设置字体大小*/

cursor:pointer;

font-family:'Microsoft Yahei', 'PingFang SC';/*设置字体*/

margin:0

}

图 5-16　搜索框按钮层的实现效果

11. 实现鼠标滑过的动态效果

在"网页"文字后面添加向下箭头，当鼠标滑过"网页"文字附近时，箭头变成向上的箭头，该部分可用 CSS3 的伪元素"::after"来实现。"::after"选择器的作用是在被选元素的内容后面插入内容，它必须和 content 属性配合使用，用 content 属性来指定要插入的内容。若没有具体内容，至少也应该是' '空字符。同时还可以设置其他属性，对后面插入的内容设置样式。本案例中使用的图片如图 5-17 所示，插入后的显示效果如图 5-18 所示，鼠标滑过的效果如图 5-19 所示。

中间的搜索框代码实现(四)

图 5-17　箭头图标

图 5-18　插入后的显示效果

图 5-19　鼠标滑过的效果

根据以上效果分析，图 5-17 作为插入后的背景图片，当鼠标滑过时，改变背景图片的位置。其 CSS3 代码如下：

/*设置在 searchSelected 层后面添加元素以及样式*/

.top-search .searchMenu .searchSelected::after{

```
        content:' ';
        position:absolute; /*相对 searchSelected*/
        right:-5px;
        top:13px;
        width:20px;
        height:6px;
        background-image:url(../images/so_arr.png);
        background-repeat:no-repeat
    }
    /*设置鼠标滑过 searchMenu 层，在 searchSelected 层的元素样式*/
    .top-search .searchMenu:hover .searchSelected::after{
        background-position:0 -30px;/*更改背景图片的位置*/
    }
```

以上代码中，通过设置 right 和 top 的值固定图片的位置，设置 width 和 height 指定图片的大小，设置 background-image 属性指定图片位置，设置 background-position 属性指定背景图片的位置。0 的含义是 x 方向的偏移量为 0px，–30 表示 y 轴向下偏移 30px。

通过以上 11 个步骤的分析和设计，可实现搜索框的设计与制作。

12. 选中下拉列表值的更改 JavaScript 实现

当选中下拉列表中的一个值时，searchSelected 层的内容为选中的值，要使用 JavaScript 代码实现，在网页的 head 标签中添加以下代码即可实现该功能。

中间的搜索框代码实现(五)

```
<script language="javascript">
    window.onload=function(){
        var txt=document.getElementById("searchSelected");
        var lb=document.getElementById("searchTab").getElementsByTagName("li");
        for(var i=0; i<lb.length; i++)
            lb[i].onclick=function(){
                txt.innerHTML=this.innerHTML;
            }
    }
</script>
```

搜索的文本框和搜索按钮可根据需求进行样式设置。

5.4.5 右侧 3 个 QQ 功能按钮的实现

右侧功能按钮

1. 效果图分析

右侧 3 个 QQ 功能效果图如图 5-20 所示。当鼠标滑过图片时，图片改变如图 5-21 所示。(注：可扫码查看原图效果。后同。)

图 5-20　登录效果图　　　　　　图 5-21　鼠标滑过登录效果图

2. 登录部分布局分析

在右侧的层中包括 3 个层，3 个层水平排列，因此 3 个层都要左浮动，引用.fl 样式实现左浮动。其布局结构代码如下：

```html
<!-- 登录开始 -->
<div class="top-login fr"  >
    <div class="item-zone fl">
        <a href="https://qzone.qq.com/"></a></div>
    <div class="item-qmail fl">
        <a href="https://qmail.qq.com/"></a></div>
    <div class="item-login fl">
        <a class="l-login" href="javascript:;" onclick="userLogin()" >登录</a>
    </div>
</div>
<!-- 登录结束 -->
```

3. <a>标签的鼠标滑过效果

为实现鼠标滑过时更改图片效果，一个按钮需要准备两张大小相同、颜色不同的图片，因此实现一次更改需要准备 4 张图片。当鼠标滑过时，更改<a>标签的背景图片可以实现以上效果。其 CSS3 样式代码如下：

```css
.qq-top .top-login{
    height:32px;
    width: 120px;
    margin: 22px 0 0;
}
.item-zone a {
    display:block;
    width:27px;
    height:28px;
    margin-right:10px;
    background-image:url(../images/z1.jpg);

}
.item-zone a:hover{
    background-image:url(../images/z2.jpg);
}
```

```
.item-qmail a {
    display:block;
    width:27px;
    height:28px;
    margin-right:10px;
    background-image:url(../images/e1.jpg);
}
.item-qmail a:hover{
    background-image:url(../images/e2.jpg);
}
```

4. 登录按钮 CSS3 样式

登录按钮 CSS3 样式代码如下：

```
.qq-top .top-login .l-login {
    display: inline-block;
    width: 31px;
    height: 28px;
    line-height: 31px;
    text-align: center;
    border: 1px solid #ededed;
    color: #60a5e4;
    background-color: #f5f5f5;
    font-size: 14px;
}
```

5.5　导航部分分析与实现

5.5.1　效果图分析

对腾讯网首页导航效果图进行分析可知，该导航由两部分组成，一部分是导航栏，如图 5-22 所示；一部分是鼠标指向"更多"时，在下方显示的二级导航，如图 5-23 所示。

导航部分分析与实现

| 新闻 | 视频 | 图片 | 军事 | 体育 | NBA | 娱乐 | 财经 | 科技 | 时尚 | 汽车 | 房产 | 教育 | 文化 | 游戏 | 星座 | 更多∨ |

图 5-22　导航栏效果图

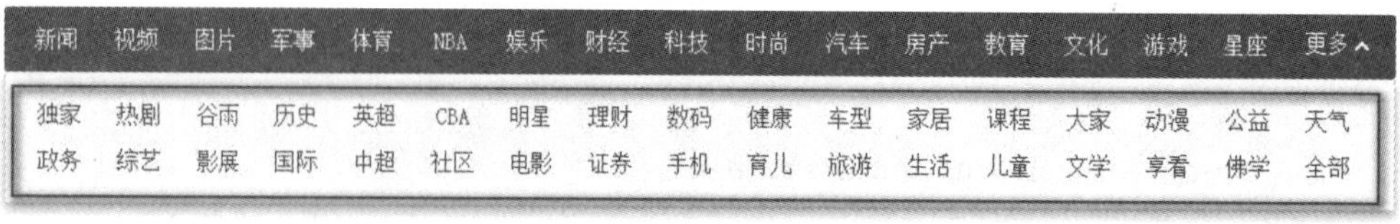

新闻	视频	图片	军事	体育	NBA	娱乐	财经	科技	时尚	汽车	房产	教育	文化		游戏	星座	更多∧
独家	热剧	谷雨	历史	英超	CBA	明星	理财	数码	健康	车型	家居	课程	大家	动漫	公益	天气
政务	综艺	影展	国际	中超	社区	电影	证券	手机	育儿	旅游	生活	儿童	文学	享看	佛学	全部

图 5-23　更多导航效果图

对导航的设计多采用列表 UL 标签进行，通过对列表项 li 属性的设置可达到统一的效果，不仅增加与删除列表项较为方便，且修改样式也方便简洁。

5.5.2　导航部分布局整体设计

将 class 属性值为 qq-nav 的 div 作为导航层的外层，该 div 包括两部分，一个 class 属性值为 nav-main 的 UL 元素和一个 class 属性值为 nav-more 的 div。这两部分是左右布局，nav-main 用来显示主导航，nav-more 用来显示更多导航；这两部分要设置浮动属性为左浮动，可用前面定义好的类选择器.fl。nav-more 层中包括两个层，一个 class 属性值为 more-txt 的层和一个 class 属性值为 nav-sub 的层，分别用来显示 "更多" 文字和二级导航。导航部分布局代码如下：

```html
<!--导航开始-->
<div class="qq-nav">
    <ul class="nav-main fl" >
        <li class="nav-item">
            <a href="http://news.qq.com" target="_blank">新闻</a>
        </li>
        <li class="nav-item">
            <a href="http://v.qq.com" target="_blank" >视频</a>
        </li>
        <li class="nav-item">
            <a href="http://new.qq.com/ch/photo/" target="_blank" >图片</a>
        </li>
        <li class="nav-item">
            <a href="https://new.qq.com/ch/milite/" target="_blank" >军事</a>
        </li>
        <li class="nav-item">
            <a href="http://sports.qq.com/" target="_blank" >体育</a>
        </li>
        <li class="nav-item">
            <a href="http://sports.qq.com/nba/" target="_blank" >NBA</a>
        </li>
        <li class="nav-item">
            <a href="https://new.qq.com/ch/ent/" target="_blank" >娱乐</a>
        </li>
        <li class="nav-item">
            <a href="http://finance.qq.com" target="_blank" >财经</a>
        </li>
        <li class="nav-item">
```

```
                <a href="https://new.qq.com/ch/tech/" target="_blank" >科技</a>
            </li>
            <li class="nav-item">
                <a href="https://new.qq.com/ch/fashion/" target="_blank" >时尚</a>
            </li>
            <li class="nav-item">
                <a href="http://auto.qq.com/" target="_blank"> 汽车</a>
            </li>
            <li class="nav-item">
                <a href="http://house.qq.com/" target="_blank">房产</a>
            </li>
            <li class="nav-item">
                <a href="https://new.qq.com/ch/edu/" target="_blank" >教育</a>
            </li>
            <li class="nav-item">
                <a href="https://new.qq.com/ch/cul/" target="_blank" >文化</a>
            </li>
            <li class="nav-item">
                <a href="https://new.qq.com/ch/games/" target="_blank" >游戏</a>
            </li>
            <li class="nav-item">
                <a href="http://astro.fashion.qq.com/" target="_blank" >星座</a>
            </li>
        </ul>

        <div class="nav-more fl">
            <div class="more-txt" >更多</div>
            <div class="nav-sub" >
                <ul>
                    <li class="nav-item">
                        <a href="https://new.qq.com/ch/ori/" target="_blank">独家</a>
                    </li>
                    <li class="nav-item">
                        <a href="https://v.qq.com/tv/" target="_blank" >热剧</a>
                    </li>
                    <li class="nav-item">
                        <a href="http://gy.qq.com/" target="_blank" >谷雨</a>
                    </li>
                    <li class="nav-item">
```

```
            <a href="http://new.qq.com/ch/history/" target="_blank" >历史</a>
    </li>
    <li class="nav-item">
            <a href="http://sports.qq.com/premierleague/" target="_blank" >英超</a>
    </li>
    <li class="nav-item">
            <a href="http://sports.qq.com/cba/" target="_blank" >CBA</a>
    </li>
    <li class="nav-item">
            <a href="https://new.qq.com/ch2/star" target="_blank">明星</a>
    </li>
    <li class="nav-item">
            <a href="http://money.qq.com/" target="_blank" >理财</a>
    </li>
    <li class="nav-item">
            <a href="http://digi.tech.qq.com/" target="_blank" >数码</a>
    </li>
    <li class="nav-item">
            <a href="http://health.qq.com/" target="_blank" >健康</a>
    </li>
    <li class="nav-item">
            <a href="http://auto.qq.com/" target="_blank">车型</a>
    </li>
    <li class="nav-item">
            <a href="http://www.jia360.com/" target="_blank" >家居</a>
    </li>
    <li class="nav-item">
            <a href="http://class.qq.com/" target="_blank" >课程</a>
    </li>
    <li class="nav-item">
            <a href="http://dajia.qq.com/" target="_blank" >大家</a>
    </li>
    <li class="nav-item">
            <a href="https://new.qq.com/ch/comic/" target="_blank" >动漫</a>
    </li>
    <li class="nav-item">
            <a href="http://gongyi.qq.com/" target="_blank" >公益</a>
    </li>
     <li class="nav-item">
```

```
        <a href="http://tianqi.qq.com/index.htm" target="_blank" >天气</a>
    </li>
    <li class="nav-item">
        <a href="https://new.qq.com/ch/politics/" target="_blank" >政务</a>
    </li>
    <li class="nav-item">
        <a href="https://v.qq.com/x/variety/" target="_blank" >综艺</a>
    </li>
    <li class="nav-item">
        <a href="http://news.qq.com/photon/photoex.htm" target="_blank">影展</a>
    </li>
    <li class="nav-item">
        <a href="https://new.qq.com/ch/world/" target="_blank" >国际</a>
    </li>
    <li class="nav-item">
        <a href="http://sports.qq.com/csocce/csl/" target="_blank" >中超</a>
    </li>
    <li class="nav-item">
        <a href="http://fans.sports.qq.com/#/" target="_blank" >社区</a>
    </li>
    <li class="nav-item">
        <a href="http://v.qq.com/movie/" target="_blank" >电影</a>
    </li>
    <li class="nav-item">
        <a href="http://stock.qq.com/" target="_blank" >证券</a>
    </li>
    <li class="nav-item">
        <a href="https://new.qq.com/ch2/phone" target="_blank" >手机</a>
    </li>
    <li class="nav-item">
        <a href="https://new.qq.com/ch/baby/" target="_blank" >育儿</a>
    </li>
    <li class="nav-item">
        <a href="https://new.qq.com/ch/visit/" target="_blank" >旅游</a>
    </li>
    <li class="nav-item">
        <a href="https://new.qq.com/ch/life/" target="_blank" >生活</a>
    </li>
    <li class="nav-item">
```

```
                <a href="http://kid.qq.com/" target="_blank">儿童</a>
            </li>
            <li class="nav-item">
                <a href="http://book.qq.com/" target="_blank" >文学</a>
            </li>
            <li class="nav-item">
                <a href="https://new.qq.com/omv/" target="_blank" >享看</a>
            </li>
            <li class="nav-item">
                <a href="https://new.qq.com/ch/fx/" target="_blank" >佛学</a>
            </li>
            <li class="nav-item">
                <a href="http://www.qq.com/map/" target="_blank" >全部</a>
            </li>
        </ul>
    </div>
</div>


    </div>
    <!--导航结束-->
```

5.5.3　导航部分的 CSS3 样式分析与设计

1. qq-nav 层的样式

qq-nav 层的样式代码如下：

导航部分的 CSS3 样式分析与设计

```
.qq-nav  {
    width:1000px; /*设置宽度为 1000px */
    position: relative; /*设置定位为相对定位，此属性是为 nav-more 指定父容器*/
    height: 50px; /*设置导航层的高度为 50px*/
    padding-left: 10px; /*设置左内边距*/
    background-color: #1479d7; /*设置蓝色背景*/
    font-size: 16px;
    /*设置圆角矩形*/
    -webkit-border-radius: 3px;
    -moz-border-radius: 3px;
    -ms-border-radius: 3px;
    -o-border-radius: 3px;
    border-radius: 3px;
}
```

2. nav-main 层的样式

nav-main 层的样式代码如下：

```
.qq-nav .nav-main {
    width:920px;
    line-height: 50px;
}
```

以上代码定义 nav-main 的宽度和行高，指定了列表的大小。

3. 列表项 nav-item 的样式

列表项 nav-item 的样式代码如下：

```
.qq-nav   .nav-item {
    float: left;/*设置列表项左浮动,将列表项默认竖排变成横排*/
    width: 57px;/*设置列表项的宽度*/
    text-align: center;/*设置列表项文字水平居中显示*/
}
```

在以上代码中，3 个属性值的设置非常重要。

4. 超级链接 a 标签的样式

超级链接 a 标签的样式代码如下：

```
.qq-nav .nav-main a{
    padding:4px 5px;
    color:#FFF
}
/*鼠标滑过 a 标签的样式*/
.qq-nav   .nav-main a:hover{
    color:#14539a;
    background-color:#cbe1ed
}
```

鼠标滑过超级链接文字演示效果如图 5-24 所示。

图 5-24　鼠标滑过超级链接文字演示效果

5. nav-more 层的样式

nav-more 层的样式代码如下：

```
.qq-nav   .nav-more {
    width: 80px; /*和 nav-main 的高度相同*/
    height: 50px;
}
```

6. "更多"文字 more-txt 层的样式

"更多"文字 more-txt 层的样式代码如下：

```
.qq-nav    .nav-more .more-txt{
    line-height:50px; /*和 nav-main 的高度相同*/
    text-align:center; /*设置文字水平居中*/
    color:#FFF; /*设置文字颜色为白色*/
    cursor:pointer /*  设置鼠标指针变成手的形状  */
}
```

7. 二级导航 nav-sub 层的样式

该层显示在 qq-nav 层的下方，"position:absolute;"设置定位方式为绝对定位，相对父容器层 qq-nav 而言，需要在 qq-nav 层样式中设置"position:relative;"；"z-index:100"设置该层显示在所有层的前面。nav-sub 层的 CSS3 样式代码如下：

```
.qq-nav    .nav-more .nav-sub{
    display:none;
    padding:10px 10px;
    position:absolute;
    right:0;
    top:50px;
    width:990px;
    line-height:32px;
    background-color:#f9fbfc;
    z-index:100
}
.qq-nav .nav-more .nav-sub a{
    color:#455569 /*设置二级导航超级链接的字体颜色*/
}
.qq-nav .nav-more .nav-sub a:hover{
    color:#0c82ff /*设置二级导航超级链接鼠标滑过的字体颜色*/
}
```

通过以上的样式设计，完成的网页效果如图 5-25 所示。将.nav-sub 类选择器中代码"display:block;"修改为"display:none;"，二级导航部分将默认不显示。

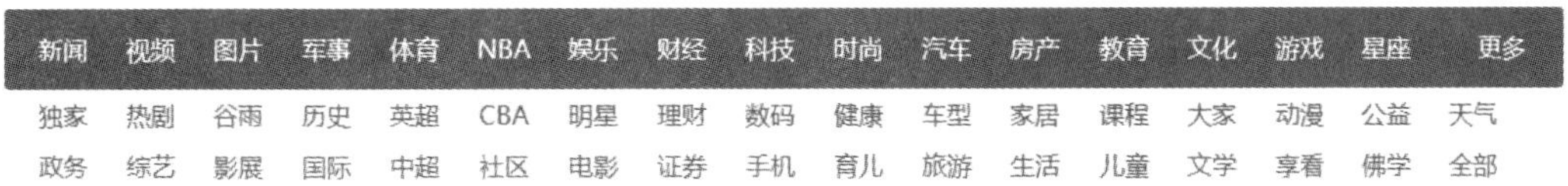

新闻	视频	图片	军事	体育	NBA	娱乐	财经	科技	时尚	汽车	房产	教育	文化	游戏	星座	更多
独家	热剧	谷雨	历史	英超	CBA	明星	理财	数码	健康	车型	家居	课程	大家	动漫	公益	天气
政务	综艺	影展	国际	中超	社区	电影	证券	手机	育儿	旅游	生活	儿童	文学	享看	佛学	全部

图 5-25　导航栏设计效果

二级导航部分默认是隐藏的，当鼠标滑过"更多"文字时，显示二级导航部分，即鼠标滑过 nav-more 层的选择器表达为.nav-more:hover 时，nav-sub 层 display 属性设置为 block，即 nav-sub 层可见。其样式代码如下：

```
.qq-nav  .nav-more:hover .nav-sub{
    display:block
}
```

8. 在"更多"文字后面添加向下箭头

当鼠标滑过"更多"文字时，箭头变成向上的箭头。该部分可用 CSS3 的伪元素"::after"来实现。本案例中使用的图片如图 5-26 所示，插入后的显示效果如图 5-27 所示，鼠标滑过的效果如图 5-28 所示。

图 5-26　箭头图标　　　　图 5-27　插入后的显示效果　　　图 5-28　鼠标滑过的效果

根据以上效果分析，图 5-26 作为插入后的背景图片，当鼠标滑过时，改变背景图片的位置。其 CSS3 代码如下：

```
.qq-nav  .nav-more .more-txt::after{
    content:'';
    position:absolute;
    right:2px;
    top:22px;
    width:20px;
    height:6px;
    background-image:url(../images/nav_arr.png);
    background-repeat:no-repeat
}
.qq-nav  .nav-more .more-txt:hover::after{
    background-position:0 -30px
}
```

以上代码中，通过设置 right 和 top 的值固定图片的位置，设置 width 和 height 属性指定图片的大小，设置 background-image 属性指定图片位置，设置 background-position 属性指定背景图片的位置。0 表示 x 方向的偏移量为 0px，−30 表示 y 轴向下偏移 30px。

通过以上 8 个步骤，可实现导航栏的设计与制作。

5.6　广告部分分析与实现

5.6.1　效果图分析

腾讯网首页广告部分的效果如图 5-29 所示，可以看出该部分分为左右两部分，左边是一个广告图片，右边是有轮播效果的焦点图，轮播效果需要用 javeScript 代码来实现。

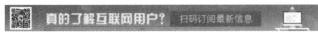

图 5-29　广告部分效果

5.6.2　广告部分布局分析与实现

广告部分布局为左右结构，定义 class 为 qq-gg、col-1、col-2 3 个 div。qq-gg 层中包括 col-1 和 col-2 两个层，col-1 层中包括一个 img 标签，用于进行超级链接；col-2 层是实现轮播效果的焦点图，其中定义了一个 class 为 banner_pic 的层和一个 id 属性为 button 的 ol 列表，banner_pic 层用于显示要轮播的图片，该层中可包括多个 img 标签，ol 列表中可包括和 img 标签数相同的 li，用于显示轮播的按钮。

注意： 由于轮播中显示的图片和按钮的样式与不显示的图片的样式不同，因此设置了 class 值为 current 表示当前正在显示的图片和按钮，class 值为 pic 表示隐藏的图片，class 值为 but 表示不突出显示的按钮。通过设置它们，可看到不同的效果。

广告部分整体布局代码如下：

```
<!--广告开始-->
<div class="qq-gg">
    <div class="col-1"><a ><img src="images/gg.jpg" width="530"    height="75" /></a></div>
    <div class="col-2">
        <div class="banner_pic" id="banner_pic">
            <div class="current"><img src="images/lb1.png" width="420" /></div>
            <div class="pic"><img src="images/lb2.png"    width="420" /></div>
            <div class="pic"><img src="images/lb3.png"    width="420"/></div>
        </div>
        <ol id="button">
            <li class="current"></li>
            <li class="but"></li>
            <li class="but"></li>
        </ol>
    </div>
</div>
<!--广告结束-->
```

5.6.3　广告部分样式分析与实现

1. 设置 qq-gg 层

设置 qq-gg 层的宽度为 1000 px，和页面宽度一致；高度为

广告部分布局分析与实现

广告部分样式分析与实现

75 px，和图片的宽度相同；上边距为 20px，和导航层的边距为 20px。col-1 层和 col-2 层左右布局，高度都为 75px。col-1 层宽度为 700px，col-2 层宽度 280px，两层之间边距为 20px。设置 col-2 层的 overflow 属性为 hidden，意思是 col-2 层中有多张图片，一次只能显示一张轮播图片。

class 为 qq-gg、col-1、col-2 层的样式代码如下：

```
.qq-gg{
    height:75px;
    width:1000px;
    margin:20px 0 20px 0; /* 设置该层的上、下外边距为 20px*/
}
.qq-gg .col-1{
    width:700px;
    height:75px;
    float:left;
    margin-right:20px;
}
.qq-gg .col-2{
    float:right;
    width:280px;
    height:75px;
    position:relative;/*为 ol 指定相对容器*/
    overflow:hidden;/*超过其大小部分，将隐藏起来，一次只能显示一个轮播图片*/
}
.qq-gg.col-2 ol {
    position:absdute;
    left:300px;
    top:0px;
}
```

2. 设置图片样式的 display 属性

当进行图片轮播时，将要显示图片的样式的 display 属性设置为 block,不显示图片样式的 display 属性设置为 none。

class 为 pic 和 current 的类选择器样式代码如下：

```
.qq-gg .col-2 .banner_pic .pic{
    display:none;
}
.qq-gg .col-2 .banner_pic .current{
    display:block;
}
```

以上代码设置了轮播图片的样式，.current 表示显示图片样式，.pic 表示不显示图片样式。

3. 使用 ol 标签来实现图片轮播时和图片对应的按钮

.current 和.but 在样式中的区别是 background-color 背景颜色属性值不同。当轮播图片时，按钮也要轮播，通过设置不同背景颜色来进行区别。在 ol 标签样式中，设为绝对定位，其相对容器是 col-2，在 col-2 中设置了相对定位 position:relative 属性。

class 属性为 current、but 的类选择器样式代码如下：

```
.qq-gg .col-2 ol .but{
    float:left;
    width:5px;
    height:5px;
    margin-right:12px;
    -webkit-border-radius:3px;
    -moz-border-radius:3px;
    -ms-border-radius:3px;
    -o-border-radius:3px;
    border-radius:3px;
    background-color:#999;
}
.qq-gg .col-2    ol .current{
    float:left;
    width:5px;
    height:5px;
    margin-right:12px;
    -webkit-border-radius:3px;
    -moz-border-radius:3px;
    -ms-border-radius:3px;
    -o-border-radius:3px;
    border-radius:3px;
    background-color:#09C;
}
```

5.6.4　广告部分动态效果实现

广告部分动态效果实现

轮播动画效果的实现需要使用 JavaScript 代码，实现的方式分为自动轮播和用鼠标滑过按钮轮播两种。

自动轮播需要使用定时器，设置定时器每隔 3000 ms 执行自动切换(autoChange)函数。autoChange 函数用于更换图片和更换按钮的索引，并将相应索引对应的元素的 className 属性设置为 current，即为前面设置的图片和按钮显示的样式。

当鼠标滑过按钮时，需要获取鼠标停留的轮播按钮的编号，并将该编号对应的图片元素的 className 属性设置为 current，即更改了样式，也就更改了显示的图片和按钮的样式。

在 index.js 中添加实现轮播图的 JavaScript 代码如下：

```javascript
//实现轮播效果
//保存当前焦点元素的索引
window.onload=function(){
    var current_index=0;
//3000 表示调用周期，以毫秒为单位
    var timer=window.setInterval(autoChange,3000);
//获取所有轮播按钮
    var button_li=document.getElementById("button").getElementsByTagName("li");
//获取所有 banner 图
    var pic_div=document.getElementById("banner_pic").getElementsByTagName("div");
//遍历元素
    for(var i=0; i<button_li.length; i++)
    {
        //添加鼠标滑过事件
        button_li[i].onmouseover=function(){
            if(timer){
                clearInterval(timer);//清除定时器
            }
            //遍历元素
            for(var j=0; j<pic_div.length; j++)       {
                //将当前索引对应的元素设为显示
                if(button_li[j]==this){
                    current_index=j;
                    button_li[j].className="current";
                    pic_div[j].className="current";
                }else
                //将其他所有元素改变样式
                {
                    pic_div[j].className="pic";
                    button_li[j].className="but";
                }
            }
        }
        //鼠标移出事件
        button_li[i].onmouseout=function(){
            //启动定时器，回复自动切换
            timer=setInterval(autoChange,3000);
        }
    }
```

```
function autoChange(){
    //自增索引
    ++current_index;
    //当索引自增达到上限时，索引归 0
    if(current_index==button_li.length){
        current_index=0;
    }
    for(var i=0; i<button_li.length; i++){
        if(i==current_index)
        {
            button_li[i].className="current";
            pic_div[i].className="current";
        }else{
            pic_div[i].className="pic";
            button_li[i].className="but";
        }
    }
}
```

上述代码中，function autoChange()函数用于实现图片和按钮的切换，代码"var timer=window.setInterval(autoChange,3000);"用于实现图片切换的周期性调用。

在 index.html 文件中引用 index.js 文件的代码如下：

```
<script type="text/javascript" src="js/index.js"></script>
```

在浏览器中进行浏览，观察自动轮播效果和按钮指向轮播效果。

5.7 主体部分分析与实现

5.7.1 效果图分析

腾讯网首页的主体部分效果图如图 5-30 所示，该部分由要闻、今日话题和右侧的腾讯产品快速链接通道组成。其中要闻和今日话题部分布局和样式相同，右侧的快速链接是超级链接，使用列表元素实现。

图 5-30 主体部分效果图

经过上述分析，主体部分为 3 层，左、中、右布局，布局代码如下：

```
<div class="qq-main">
    <div class="col-1"> </div>
    <div class="col-2"></div>
    <div class="col-3"> </div>
</div>
```

.col-1、.col-2、.col-3 3 个类选择器的 CSS3 样式代码如下：

```
.qq-main .col-1 {
    width:310px;
    margin-right: 20px;
    float:left;
}
.qq-main .col-2 {
    width:310px;
    margin-right: 20px;
    float:left;
}
.qq-main .col-3 {
    width:340px;
    float:left;
}
```

5.7.2　要闻部分和今日话题部分的分析与实现

这两部分都由 3 部分组成，如图 5-31 所示。1 表示标题，2 表示头条新闻，3 表示一般新闻。

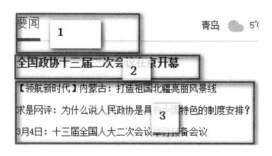

图 5-31　要闻部分构成

1. 标题部分的实现

图中 1 部分由标题和下划线组成，class 值为 hd 的层表示头部，其中包括 class 值为 tit 的 h2 和 class 值为 tit-line 的 span 标签，h2 用于显示标题文字(要闻)，span 用于显示下划线。

标题部分的实现

布局代码如下：

```
<div class="hd">
    <h2 class="tit "><a href="//news.qq.com" target="_blank" >要闻</a></h2>
    <span class="tit-line"></span>
</div>
```

样式代码如下：

```
.qq-main   .hd {
    height: 43px;
    line-height: 40px;
    border-bottom: 1px solid #cae0f3;
}
.qq-main .hd .tit {
    font-size: 16px;
}
.qq-main   .col-1 .hd .tit-line {
    display: block;
    width: 35px;
    height: 3px;
    border-bottom: 3px solid #06C;
}
```

2. 要闻部分的实现

图 5-31 的 2、3 部分中，用一个 class 为 bd 的层作为外层，该层中包含一个 ul 列表，用来实现新闻的列举，第一个 li 为头条新闻，设置其 class 属性的值为 news-top，设置样式使其突出显示。

布局代码如下：

要闻部分的实现

```
<div class="bd">
            <!-- 要闻 -->
        <ul >
            <li class="news-top">
                <a target="_blank">习近平在中央党校中青年干部培训班开班式上发表讲话</a>
            </li>
            <li>
                <a target="_blank">【领航新时代】全军部队：聚力强军梦 扬帆启新航 </a>
            </li>
            <li>
                <a target="_blank">十三届全国政协履职工作一年综述</a>
            </li>
            <li>
```

```
            <a target="_blank">不懈奋斗 决战决胜——全国两会前夕看打好三大攻坚战 </a>
        </li>
        <li>
            <a target="_blank">全国两会前夕看改善民生新获得 </a>
        </li>
        <li>
            <a target="_blank">两会专题 </a>
        </li>
        <li>
            <a target="_blank">新华网评：下好京津冀协同发展"一盘棋" </a>
        </li>
    </ul>
</div>
```

样式代码如下：

```
.qq-main .bd {
    font-size:14px;
    line-height: 28px;/*置行设高*/
}
.qq-main .bd   li {
    white-space: nowrap;
    text-overflow: ellipsis;
    overflow: hidden;
    color:#222222;
    line-height:28px;
}
.qq-main .bd .news-top {
    width: 100%;
    padding: 14px 0 7px;
    font-weight: bold;
    color:#333333;
}
```

3. 今日话题部分的分析与实现

今日话题部分与要闻部分实现方法相同，只是标题下方的线长度不同。

布局代码如下：

```
<div class="col-2">
    <div class="hd ">
        <h2 class="tit "><target="_blank">今日话题</a></h2>
        <span class="tit-line"></span>
```

今日话题部分的分析与实现

```
        </div>
        <div class="bd">
            <ul class="news-list">
                <li class="news-top" >
                    <a target="_blank">台湾名嘴赴瑞士安乐死：安乐死没你想得那么简单</a>
                </li>
                <li>
                    <a class="cate">半月谈网</a><span class="line">|</span>
                    <a target="_blank">莫因中国少拿几块金牌,让中小学升学"禁奥令"失色</a>
                </li>
            </ul>
        </div>
    </div>
```

样式代码如下：

```
.qq-main .col-2 .hd .tit-line {
    display: block;
    width: 64px;
    height: 3px;
    border-bottom: 3px solid #06C;

}
```

5.7.3　右侧快速链接部分的分析与实现

右侧快速链接部分主要由 3 部分组成，如图 5-32 和图 5-33 中的 1、2、3 所示。当鼠标指向图 5-32 中"1"部分时，在左侧显示图 5-33 所示的"3"部分。

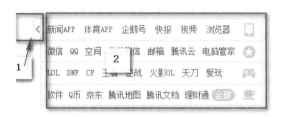

图 5-32　腾讯产品快速链接

图 5-33　展开后的快速链接

1. 快捷链接部分的整体布局

布局代码如下：

```
<div class="col-3">
    <div class="m-product">
        <ul class="list">
            <li class="q-icons ">
            <a target="_blank" href="http://news.qq.com/">新闻 APP</a>
            <a target="_blank" href="http://sports.qq.com/">体育 APP</a>
            <a target="_blank" href="https://om.qq.com/">企鹅号</a>
            <a target="_blank" href="http://kuaibao.qq.com/">快报</a>
            <a target="_blank" href="http://v.qq.com/">视频</a>
            <a target="_blank" href="https://browser.qq.com/">浏览器</a>
            <a target="_blank" href="http://www.weishi.com/">微视</a>
        </li>
        <li class="q-icons ">
            <a   target="_blank" href="http://weixin.qq.com/">微信</a>
            <a   target="_blank" href="https://im.qq.com/">QQ</a>
            <a   target="_blank" href="https://qzone.qq.com/">空间</a>
            <a    target="_blank" href="https://work.weixin.qq.com/">企业微信</a>
            <a   target="_blank" href="https://mail.qq.com/">邮箱</a>
            <a   target="_blank" href="https://cloud.tencent.com/">腾讯云</a>
            <a   target="_blank" href="https://guanjia.qq.com/">电脑管家</a>
            <a   target="_blank" href="https://vip.qq.com/">会员</a>
        </li>
        <li class="q-icons ">
            <a target="_blank" href="http://lol.qq.com/">LOL</a>
            <a target="_blank" href="http://dnf.qq.com/">DNF</a>
            <a target="_blank" href="http://cf.qq.com/">CF</a>
            <a target="_blank" href="http://pvp.qq.com/">王者</a>
            <a target="_blank" href="https://gouhuo.qq.com/">单机游戏</a>
            <a target="_blank" href="http://huoying.qq.com/">火影 OL</a>
            <a target="_blank" href="http://wuxia.qq.com/">天刀</a>
            <a target="_blank" href="http://iwan.qq.com/">爱玩</a>
            <a target="_blank" href="http://nz.qq.com/">逆战</a>

        </li>
        <li class="q-icons ">
            <a target="_blank" href="https://pc.qq.com/">软件</a>
            <a target="_blank" href="https://pay.qq.com/">Q 币</a>
```

快捷链接部分的
整体布局

```html
<a target="_blank" href="https://www.jd.com/">京东</a>
<a target="_blank" href="https://map.qq.com">腾讯地图</a>
<a target="_blank" href="https://docs.qq.com/">腾讯文档</a>
<a target="_blank" href="https://qian.qq.com">理财通</a>
<a target="_blank" href="http://www.qq.com/map/">全部</a>


    </li>
</ul>
<div class="prod-more">
    <div class="prod-more-btn">
        <div class="q-icons btn-icon">展开</div>
</div>
<ul class="list f2 ">
        <li >
    <a target="_blank" href="https://new.qq.com/omv">享看</a>
    <a target="_blank" href="http://qq.pinyin.cn/">QQ 拼音</a>
    <a target="_blank" href="http://player.qq.com/">QQ 影音</a>
    <a target="_blank" href="https://pc.qq.com/">QQ 影像</a>
    <a target="_blank" href="http://www.weiyun.com/">微云</a>
    <a target="_blank" href="https://docs.qq.com/">腾讯文档</a>
    <a target="_blank" href="https://fm.qq.com/">企鹅 FM</a>
 </li>
        <li >
    <a target="_blank" href="http://www.weishi.com/">微视</a>
    <a target="_blank" href="http://book.qq.com/">QQ 阅读</a>
    <a target="_blank" href="https://y.qq.com/">QQ 音乐</a>
    <a target="_blank" href="http://kg.qq.com/">全民 K 歌</a>
    <a target="_blank" href="http://z.qzone.com/">手机空间</a>
    <a target="_blank" href="https://im.qq.com/mobileqq/">手机 QQ</a>
    <a target="_blank" href="http://g.qq.com/">手游宝</a>
</li>
<li >
    <a target="_blank" href="http://speed.qq.com/>QQ 飞车</a>
    <a target="_blank" href="http://yxwd.qq.com/">英雄</a>
    <a target="_blank" href="http://dn.qq.com/">龙之谷</a>
    <a target="_blank" href="http://eafifa.qq.com/">FIFA</a>
    <a target="_blank" href="http://hdl.qq.com/">魂斗罗</a>
    <a target="_blank" href="http://cfm.qq.com/">CF 手游</a>
    <a target="_blank" href="http://tlbb.qq.com/">天龙手游</a>
```

```
            </li>
            <li >
                <a target="_blank" href="http://xing.qq.com/">星钻</a>
                <a target="_blank" href="https://888.qq.com/">QQ 彩票</a>
                <a target="_blank" href="http://cb.qq.com/">彩贝</a>
                <a target="_blank" href="http://time.qq.com/">时光画轴</a>
                <a target="_blank" href="https://tianqi.qq.com">天气</a>
                <a target="_blank" href="http://users.qq.com/">用户社区</a>
                <a target="_blank" href="https://dreamreader.qq.com/">海豚智音</a>
            </li>
                </ul>
            </div>
        </div>
```

2. 定义有关的样式

对图 5-33 进行分析,"1"部分的展开按钮(类选择器为 .btn-icon 的层)相对于层 m-product 绝对定位,prod-more 层的 UL 标签默认是不显示的,通过添加类选择器.f2,设置其 display 属性为 none。其主要样式代码如下:

定义有关的样式

```
.qq-main .m-product{
    position:relative;
}
.qq-main .m-product .list li {
    height: 30px;
    line-height: 30px;
    border: 1px solid #cae0f3;
    overflow: hidden;
}
.qq-icons {
    background-image:url(../images/icons.png);
    background-repeat: no-repeat;
}
.qq-main .m-product .list li a {
    font-size: 12px;
    margin: 4px 8px 0 2px;
}
.qq-main .m-product .prod-more .prod-more-btn .btn-icon {
    position: absolute;
    left:-8px;
    top: 5px;
```

```
        width: 10px;
        height: 30px;
        margin: -5px 0 0 -3px;
        background-position: 0 -840px;
        text-indent: -9999em;
        border: 1px solid #cae0f3;
        line-height:30px;
    }
    .qq-main .m-product .prod-more .prod-more-btn .btn-icon:hover {
        background-color:#06C;
    }
    .qq-main .m-product .prod-more .f2{
        display:none;
    }
```

当鼠标滑过展开按钮所在的层(类选择器为.prod-more 的层)时，prod-more 层中的列表(类选择器为.list)显示位置在 m-product 层的左侧，按钮层(类选择器为.btn-icon 的层)显示在 pro-more 层的左侧，主要样式代码如下：

```
    .qq-main .m-product .prod-more:hover     .btn-icon{
        position: absolute;
        left:-387px;
        top: 5px;
        background-color:#fff;
    }
    .qq-main .m-product .prod-more:hover    .list{
        position: absolute;
        left:-382px;
        top: 0px;
        display:block;
        background-color:#fff;
    }
```

经过以上步骤，基本实现了腾讯网首页的主体部分的设计与制作，对主要的知识点和技能点也都做了详细的讲解。可在此基础上完善其他部分，完成腾讯网首页的整体设计。

练习与实践

使用列表标记完成腾讯网首页中汽车精选栏目的布局和内容展示，如图 5-34 所示。具体要求如下：

(1) 从网站上获取相关的图片和文字。

(2) 使用 div+css 技术实现层的布局和样式分离。

汽车精选

即将开启预售 搭1.5T插混系统 捷途山海L7中
型SUV实车曝光

魏眷新车 6小时前

豪华，还是奔驰会玩！全新奔驰EQE纯电
SUV，技术王炸，精致感直接拉满

开眼玩车 9小时前

传祺E8升级版来了！预售23.58万起，冰箱
+彩电统统给到

智电出行 3小时前

图 5-34　腾讯网汽车精选栏目样图

6 第6章 拓展知识

企业网站是企业向浏览者传递其产品、服务、理念、文化等信息的平台。网页设计是网站制作的一个重要环节，通过更合理的颜色、字体、图片、样式进行页面设计美化，在功能限定的情况下，尽可能给予用户完美的视觉体验。精美的网页配色、合理的网页布局和丰富的网页内容会给浏览者留下深刻的印象，提高浏览者对企业形象的认知和对产品的兴趣。

6.1 网页配色

网页配色在网页设计中起着非常关键的作用，成功的网站配色，能充分吸引浏览者的注意力，让浏览者产生视觉上的愉悦感，对网站过目不忘。

网页的色彩搭配是技术与艺术的结合，要想设计出色彩丰富、外表美观的网页效果，首先要了解色彩的基本知识，并逐步掌握配色的原理。

6.1.1 色彩概述

1. 色彩的产生

色彩是在可见光的作用下产生的视觉现象，是光照射到物体，物体对光产生吸收或反射，反射的光刺激人眼，并通过视觉神经传递到大脑，最终在大脑中形成对色彩的感受的过程。

色彩概述

2. 色彩的分类

1）原色

原色是混合产生各种色彩的最基本的色，是任何色彩无法调制出来的，故也称为一次色。色光三原色为朱红光、翠绿光和蓝紫光，如图6-1所示。

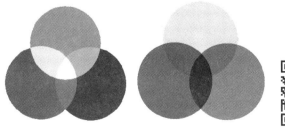

图6-1　色光三原色和色料三原色

色料三原色为红(品红或玫瑰红)、黄(柠檬黄)和蓝(湖蓝)，如图 6-2 所示。

图 6-2   色料的三原色与三间色

2) 间色

间色是两种原色的等量混合。在伊顿的十二色相环中，间色处于两种原色之间。间色也称为二次色如图 6-2 所示。

3) 复色

复色在间色的基础上产生，是两种间色或三原色的适当混合。复色也称为再间色或三次色，如图 6-3 所示。

图 6-3   复色

6.1.2   色彩的基本特性

色彩一般分为无彩色系和有彩色系两大类。无彩色系是指白色、黑色或由这两种颜色调和形成的各种深、浅不同的灰色。按照一定的变化规律，它们可以排成一个系列，由白色渐变到浅灰、中灰、深灰到黑色，色度学上称此为黑白系列。

有彩色系(简称彩色系)是指红、橙、黄、绿、青、蓝、紫等颜色，不同明度和纯度的红、橙、黄、绿、青、蓝、紫都属于有彩色系。有彩色系的颜色具有 3 个基本特征：色相、明度和饱和度。

1. 色相

色相是色彩的最大特征，是指色彩的相貌，是区别各种不同色彩的标准，如图 6-4 所示。

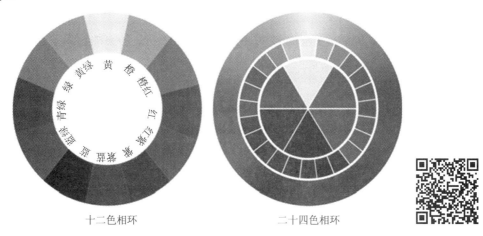

十二色相环   二十四色相环

图 6-4 色相环

2. 明度(亮度)

明度(Brightness)是色彩的深浅变化。以无彩色为例，最亮的是白色，最暗的是黑色，黑白色之间不同程度的灰色，都具有明暗强度的表现，如图 6-5 所示。

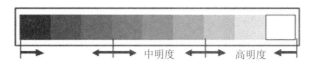

中明度   高明度

图 6-5 明度

3. 饱和度(纯度)

饱和度(Saturation)指色彩的鲜艳程度，如图 6-6 所示。高纯度的色彩视觉冲击力要强烈于低纯度的色彩。饱和度常用高低来描述，饱和度越高，色彩越鲜艳，饱和度越低，色彩越晦涩，越弱。纯色是饱和度最高的一级。

图 6-6 饱和度

6.1.3　网页配色的基本概念

在网页设计中，一般不会使用单一的一种颜色，而是多种颜色配合使用。不同的颜色搭配会产生不同的效果，并可能影响用户的情绪。

1. 色相对比

1) 概念

色相对比即因色相之间的差别形成的对比。各色相由于在色环上的距离远近不同，形成不同的色相对比。

2) 分类

根据色彩在色相环上的位置，色相一般分为同类色相、邻近色相、对比色相和互补色相4类，如图6-7所示。

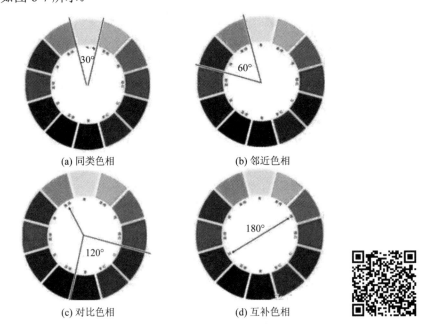

(a) 同类色相　　　　　　　　(b) 邻近色相

(c) 对比色相　　　　　　　　(d) 互补色相

图 6-7　色相分类

(1) 同类色相是指色系相同，明度不同的色彩，在二十四色相环中指 30° 或 45° 范围内的色彩，如黄色和黄绿色。

(2) 邻近色相是指相邻的不同色彩。在二十四色相环中指 60° 范围内的色彩，如黄色和绿色。

(3) 对比色相是指在二十四色相环中相差 120° 以内的颜色，如橙红和黄绿。

(4) 互补色相是指在二十四色相环中相差 180° 的颜色，如红与绿。

2. 明度对比

1) 概念

明度对比即将不同明度的色并置产生明暗对比效果的视觉效应，也就是因为明度差别而形成的色彩。同色明度变化如图6-8所示。

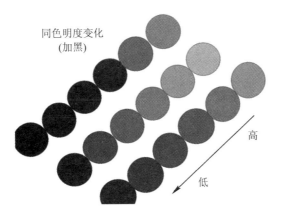

同色明度变化
(加黑)

高

低

图 6-8 同色明度变化

2) 分类

色阶从最黑到最白有 11 个阶区，11 个阶区中基本是每 3 个为一个调，分为高调、中调和低调。明度在 0~3 度的为低调，4~6 度的为中调，7~10 度的为高调。

明度对比的强弱决定于色彩明度差别跨度的大小，配色明度在 3 个阶段以内的组合叫短调，为明度的弱对比；配色明度在 3~5 个阶段以内的组合叫中调，为明度的中对比；明度差在 5 个阶段以上的组合叫长调，为明度的强对比。明度对比分类如图 6-9 所示。

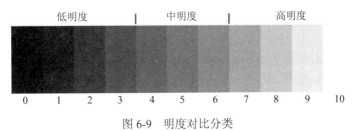

低明度 中明度 高明度

0　1　2　3　4　5　6　7　8　9　10

图 6-9 明度对比分类

(1) 短调：主色和辅色明度接近，整体给人朦胧、轻飘、软弱、遥远的感觉。短调对比如图 6-10 所示。

图 6-10 短调对比

(2) 中调：主色和辅色的明度对比在 3~5 个阶段之内，画面感觉丰富、稳定，有朝气蓬勃的意境。中调对比如图 6-11 所示。

图 6-11　中调对比

(3) 长调：主色和辅色的明度对比大，明度差在 5 个阶段以上，画面对比强烈、清晰、肯定、醒目。长调对比如图 6-12 所示。

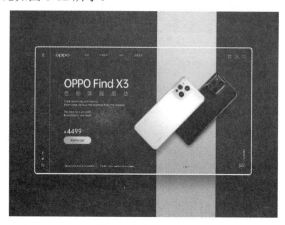

图 6-12　长调对比

3. 纯度对比

1) 概念

因色彩纯度的差异而形成的色彩鲜浊对比称为纯度对比。这种对比可以是同一种色相纯度鲜浊对比，也可以是不同色相间的纯度对比，如图 6-13 所示。

纯度对比

图 6-13　纯度对比

2) 分类

(1) 鲜调：画面中占主体的色和其他色相均属高纯度色，色彩饱和、艳丽，有积极、强烈、冲动、快乐、活泼的性格意味，如图 6-14 所示。

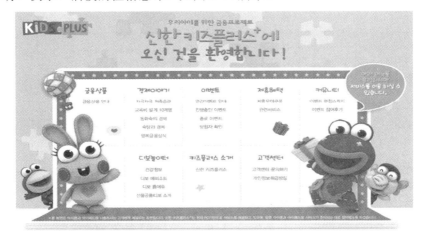

图 6-14　鲜调

(2) 中调：画面中占主体色和其他色相均属中纯度色，色彩温和、典雅、调和、浑厚，有稳定、文雅、可靠、中庸的性格意味，如图 6-15 所示。

图 6-15　中调

(3) 浊调：画面中占主体的色和其他色均属低纯度色，也称为灰调，色彩含蓄、淡雅，有平淡、自然、简朴、消极、陈旧的性格意味，如图 6-16 所示。

图 6-16　浊调

4. 冷暖对比

1) 概念

冷暖对比即因色彩感觉的冷暖差别而形成的对比。冷暖感觉本是触觉对外界的反映，色彩的冷暖主要来自人的生理和心理感受。

冷暖对比色在色环上的两端，蓝为冷极色、橙为暖极色，红、黄为暖色，红紫、黄绿为中性微暖色，青紫、蓝绿为中性微冷色，如图 6-17 所示。

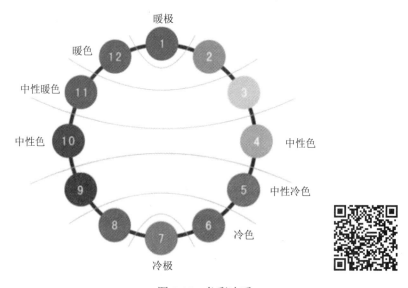

图 6-17　色彩冷暖

2) 分类

(1) 暖色使人易产生紧张、激动、兴奋等情绪，并具有积极、热情、活力、外向等特征。以暖色为主可构成暖色基调，给人希望、热情、喜庆、浓郁、阳光感、迫近感等感觉，如图 6-18 所示。

图 6-18　暖色基调

(2) 冷色具有寒冷、沉着、寂寞、深远、理智、消极、冷静、清爽、内向等特征。以冷色为主可以构成冷色基调，给人寒冷、清爽、理智、流动感、空间感等感觉，如图 6-19 所示。

图 6-19　冷色基调

(3) 冷暖对比能强有力地烘托主题氛围。我们常常在冷调或暖调的画面中施以小面积的暖调或冷调，使画面形成冷暖的对比，如图 6-20 所示。

图 6-20　冷暖对比

5. 面积对比

1) 概念

面积对比即各种色彩在画面中所占面积比例的变化和差别引起的色相、明度、纯度、冷暖等方面的对比。

面积大小对色彩对比的影响最大，如图 6-21 所示。

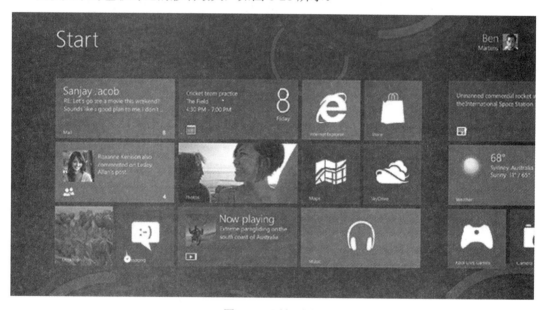

图 6-21　面积对比

2) 分类

(1) 相同色彩(或同类色)的面积对比大致相同时，对比效果较弱，如图 6-22 所示。

图 6-22　同类色面积相同的对比效果

(2) 相同色彩(或同类色)的面积对比差别较大时，对比效果较强，如图 6-23 所示。

图 6-23　同类色面积不同时的对比效果

(3) 不同色彩的面积相差不多时，对比相对强烈，如图 6-24 所示。

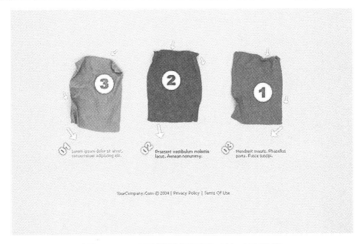

图 6-24　不同色面积相同时的对比效果

(4) 不同色彩的面积差别越大，对比效果越弱，大面积会对小面积起到烘托或融合的作用，如图 6-25 所示。

图 6-25　不同色面积不同时的对比效果

6.1.4 网页配色技巧

一般在网页配色过程中，会首先确定一种或两种主色，再选择其他配色。在选择配色时需要考虑和主题色的关系，这样才能搭配出和谐、美观的网页配色。

网页配色技巧

1. 确定主色

确定主色即由某一种色相支配、统一画面配色，如果不是同一种色相，色环上相邻的类似色也可形成相近的配色效果。即使出现多种色相，只要保持色调一致，画面也能呈现整体统一性。

确定网站主色时要考虑这样几个因素：一是网站的主题；二是色彩的象征意义；三是网站受众群体的职业、年龄、社会角色等。

2. 主辅色主要配色方法

确定网站的主题色后，再选择与之搭配的辅助色。选择不同的辅助色会产生不同的搭配效果。

1) 同色系搭配

确定一种主色后，调整其亮度或饱和度，会产生新的颜色，可放置于网页的不同位置。这样的页面看起来色彩统一，又不乏层次感。同类色搭配如图 6-26 所示。

图 6-26 同类色搭配

2) 邻近色搭配

邻近色就是在色相环上距离较近的颜色，如红色与橙色、蓝色与绿色、蓝色与紫色、紫色与红色等。这种页面总体感觉和谐、安详、耐看，如图 6-27 所示。

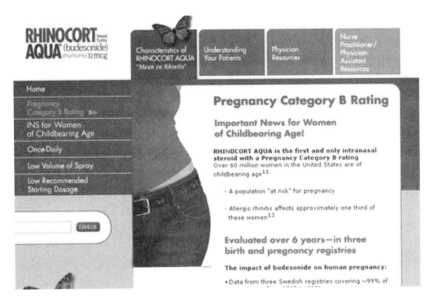

图 6-27　邻近色搭配

3) 对比色搭配

对比色是指在色相环上 120°范围的两色。

确定网页主题色后，选择它的对比色并调整其明度和纯度作为辅助色，放置于网页中，这样即可成为一款和谐的对比色网页，画面强烈、鲜明、饱满、华丽、活跃，如图 6-28 所示。

图 6-28　对比色搭配

4) 互补色搭配

互补色是指在色相环上 180°范围的两色，对比最强烈，如红与绿、黄与紫、蓝与橙。

确定网页主题色后，选择它的互补色并调整其明度和纯度作为辅助色，放置于网页中，和谐的互补色搭配页面会产生与众不同的效果，如图 6-29 所示。

图 6-29　互补色搭配

5) 黑、白、灰与有彩色搭配

黑、白、灰的无彩色系有着千万种变化，它们能与任何色彩搭配，并把与之搭配的有彩色衬托出更鲜艳的效果，如图 6-30 所示。

图 6-30　黑、白、灰与无彩色搭配

6) 点睛色搭配

在网页设计时，一般使用点睛色来突出强调画面的主要内容，所以点睛色一般采用对比色和互补色，如图 6-31 所示。

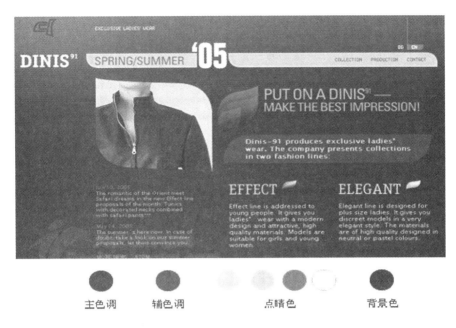

图 6-31　点睛色搭配

6.1.5　网页色彩搭配的原则

色彩不同的网页给人的感觉会有很大的差异。一般在选择配色时，要选择与网页风格相符的颜色，且尽量少用几种颜色(高浓度较艳的颜色不要超过 3 种，注意是高浓度艳色系，不包括黑白灰)，调和各配色之间的色相、明度和饱和度，使其达到和谐稳定。把鲜艳的颜色作为中心色彩时，以其为基准色，主要使用与其邻近的颜色，以达到和谐统一。需要强调的部分使用色相或明度上对比较强的颜色。这些是网页配色的基本方法。

网页配色有以下的基本原则，掌握这些原则，可以达到事半功倍的效果：

(1) 色彩的鲜明性：网页的色彩要鲜艳，能引人注目。

(2) 色彩的独特性：要有与众不同的色彩，使得大家对网页的印象深刻。

(3) 色彩的合适性：色彩和所表达的内容氛围相适合，如用粉色体现女性网站的柔性。

(4) 黑白灰的使用：黑、白、灰是万能色，它们可与任何一种颜色搭配。当两种颜色对比强烈或较弱时，都可加入无彩色系进行调和。

(5) 画面留白：网页配色时不宜将画面设计得过满，适当的留白可以给用户留下遐想的空间，让人感觉轻松、愉悦。

6.2　网页版式设计

网页版式设计是指在网页设计中根据特定的主题和内容，把文字、图形、图像、动画、视频、色彩等信息传达要素界定在一个范围内，有机地、秩序地、艺术性地组织在一起，形成协调、美观、有特点的页面。

网页版式设计的主要功能：一是辅助实现页面功能。一个成功的布局能够有效地将图片、文字、动画、链接等集成到网页中；二是提供舒适的用户体验。风格统一的网站将更易于用户的理解，带来更好的可用性；三是提升公司的形象。精美的布局不仅能使作品美观，易于欣赏，更能鲜明地反映和升华公司的形象，因为网页是公司企业文化和理念的一个体现。

网页版式设计

6.2.1　网页元素的组成

网站的基本元素是网页，一个个页面构成了一个完整的网站，网页基本元素是文字、图片和多媒体，主要包括网站 LOGO、页眉、页脚、主体内容、功能区、导航区、广告栏等。这些元素在网页中的位置安排，就是网页的整体布局。如图 6-32 所示。

图 6-32　网页元素组成

网页的版面设计主要包含网页元素造型、版式形式及版式构成这几方面。

6.2.2　网页设计的构成要素

网页设计中的文字、图形、图像、多媒体等基本元素形式多样，可根据其在画面中的大小、方向、排列等视为点、线、面及留白的处理。

1. 点构成

点是造型的基本要素，也是构成中最简洁的形态。点在页面中可以是一段文字、一张图片或一个按钮图标。

点具有视觉集中的属性和强烈的视觉吸引力，所以可利用点的这一特性强调将要重点表现的对象。可利用"点"符号，对文字信息加以强调，也可采用点状图形图像形式加以提示。当点的大小不同时，人们会在视觉上注意大的点，然后逐渐向较小的点移动。随着点的增加，人们的注意力会逐渐分散。

如图 6-33 所示，OPPO 的页面设计采用了点的造型。浏览者首先被大点——手机及背景的淡蓝紫色吸引，然后移动到小点——产品说明上。该设计通过引导浏览者的目光成功地宣传了公司的产品。

图 6-33　点构成

2. 线构成

线在页面中既是一个造型元素，也是分割画面的主要工具。线在页面中可以是一张图片、一段文字或一个分割线，是决定页面风格的主要元素。

线分为直线和曲线。直线给人以速度、明确而锐利的感觉，具有男性感。曲线则优美轻快，富于旋律。

如图 6-34 所示，该页面构成中主要以线造型为主，既丰富了画面，又起到引导视线的作用。

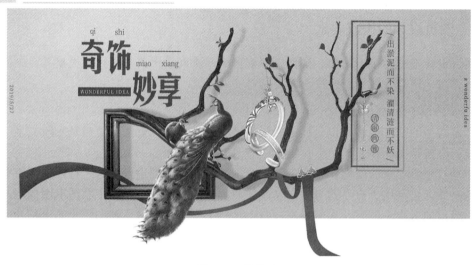

图 6-34　线构成

3. 面构成

　　线与面不仅是造型元素，同时还是划分空间的有力武器。由线和面对空间的分割与遮挡使空间的层次得以延伸，形成距离美感。

　　一张普通的图片经线、面分割后，形成了色调、面积等方面的对比关系，使画面的层次分明，突出了中心内容。

　　密集的点、运动的线排列产生了面。与点、线相比，面具有更强的视觉效果和表现力。面可分为几何形和自由形两类。方形、圆形、三角形都是几何形，多边形、不规则形都是自由形。

　　如图 6-35 所示，该页面主要使用了面的构成形式，通过面的分割，划分为不同的功能区域，同时又形成不同的色调，丰富画面的层次。

图 6-35　面构成

4. 留白的运用

所谓留白，就是除文字、图片、图案等信息要素以外的空白空间。留白与其他元素一样，具有大小、形状等特征，它与其他元素的关系就是"图"与"底"的关系，是相互依存、相互衬托的。

在网页设计中，"无意"的留白应与"有意"的造型同样引起足够的重视，因为"无意"的留白空间有时给人的视觉冲击会高于其他元素所带来的效果，如图 6-36 所示。

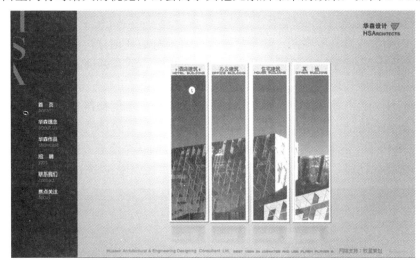

图 6-36　留白的运用

点、线、面的区分并不是绝对的，孤立的文字与小的图片在页面中往往被视为页面中的点。按一定方向、顺序排列的字与图片会形成视觉上的线，它一般起到引导和分割画面的作用。大段的文字和图片又会形成面，起到突出主题和衬托整个页面的作用。

如图 6-37 所示，页面中单独的字被认为是页面中的点，画面左侧大段的文字又形成了面的感觉。

图 6-37　点、线、面的运用

6.2.3　网页版式设计的布局分类

网站设计不是把所有内容放到网页中就行了，还需要把网页内容进行合理的排版布局，给浏览者赏心悦目的感觉，以增强网站的吸引力。

网页版式的基本类型主要有水平式、垂直式、棋盘式、倾斜式、曲线形、背景式、中心式、散点式等。

1. 水平式构图

水平式构图也叫做横版构图，就是把画面水平地分成几部分，分别放入图片或文字内容。这种构图给人的感觉比较稳重、开阔、舒展、自由，适合各种不同类型的网页设计。

分割后的画面应体现主次关系，并尽量突出主题，注意不要使分割显得过于生硬呆板，图形要生动活泼、具有动感。有时可以通过一些图形或文字的跨越打破界限，也可以协调各区域色彩而使之融洽，或处理分割区域的边缘以达到融合的目的。

如图 6-38 所示，该横版构图的页面设计采用跨界的花朵造型打破界限，使构图打破了生硬呆板的感觉。同时，不同的横版区域采用了不同的色彩，以突出重点。

图 6-38　水平式构图

2. 垂直式构图

垂直式构图是一种规范、理性的分割方法，类似于报刊的版式，常见的有竖向通栏、双栏、三栏和四栏。

纯粹的垂直式分割构图在网页中出现得并不多，一般都是横板与竖版混合使用。由于网页内容多于浏览器窗口，我们习惯纵向滚动窗口，这样，纵向分割的画面看起来似乎比横向分割的画面舒服一些。

垂直式构图会给人以严肃、庄重、崇高、向上的感觉，这种版式的网页设计往往对比感强、结构清晰，但变化较少，有时也不够灵活。

如图 6-39 所示的页面设计采用了三栏的垂直式构图方式，页面结构清晰。为了更加灵活，每栏都采用了不同的构成方式。

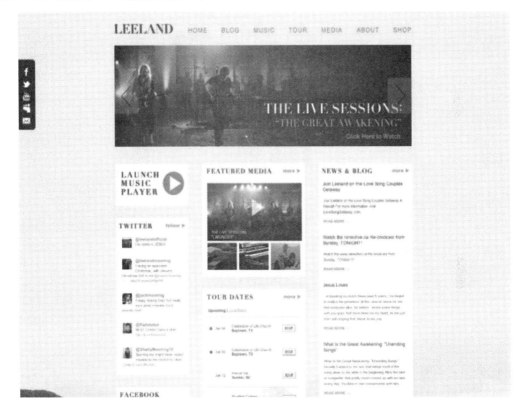

图 6-39　垂直式构图

3. 棋盘式构图

棋盘式构图是指通过水平和垂直分割，把画面分成多个大小相近的区域，像棋盘的格子，分别放置图片和文字内容。这种构图形式活泼、随意而不失规范；页面内容丰富、饱满且具有趣味。

但网页设计若选用这种构图容易分散人的注意力，不易表现比较严肃的主题，也不适合文字内容多的页面。设计时还需注意尽量从色调上统一画面，不要显得过于散乱。

如图 6-40 所示的页面设计，采用了棋盘式构图，画面灵活，内容丰富，同时它还采用了同类色的配色方法，使画面协调统一。

图 6-40　棋盘式构图

4. 倾斜式构图

倾斜式构图是指页面主题形象或多幅图片、文字作倾斜编排，形成不稳定感或强烈的动感，吸引浏览者注目。

倾斜式构图是网页设计中出现不多的一种版式，主要是因为其既不便于制作也不便于浏览，虽然这种版式会给人以强大的视觉冲击感，但它在网页中的应用明显要少于其他版式。倾斜式版式具有不稳定和运动感，对比强烈、刺激。虽然不便于与文字内容结合，但是作为网站首页或局部使用还是值得尝试的。倾斜式版式适用于运动、时尚、娱乐等表现速度、潮流的网站。

如图 6-41 所示，网页左边以斜线为暗线排版而成的信息组件和右边以斜线切割而成的图片形成形态上的互补，又形成节奏上虚实和疏密的对比，使整个画面既有斜线带来的张力和动感，又不乏整体的稳固和均衡。

图 6-41　倾斜式构图

5. 曲线形构图

曲线形构图是指图片、文字在页面上做曲线的分割或编排构成，使画面产生自然流畅、丰富多彩的视觉效果。

如图 6-42 所示，咖啡馆的网页设计，主要采用曲线造型，让人联想到咖啡的丝滑顺畅。

图 6-42　曲线形构图

6. 背景式构图

背景式构图以一张图片作为网页的背景，图形、标题、文字等其他元素皆置于其上。背景式构图给人以整体自然的感觉，创作也十分自由，一些视觉效果和无需变化的元素都可制作在背景里。

背景式构图的页面风格主要由背景图来控制，在进行网页设计时就必须计划好背景中图形与页面其他元素之间的排列关系，做到相互配合，有主有次，前后呼应，浑然一体。背景图色调要柔和并留有变化的余地，切不可过于繁乱、细碎，喧宾夺主，尤其是文字部分的背景要有整体感且突出文字，不能影响内容的可读性。

如图 6-43 所示的页面设计，采用了背景式构图，背景图案的色调与页面主色调一致，页面协调统一；页面主体部分采用了白色背景，突出了文字，加强了内容的可读性。

图 6-43 背景式构图

7. 中心式构图

中心式构图将主体部分图形置于页面中心，以吸引浏览者的视线，起到突出页面主体的作用。页面背景和其他部分比较简洁、单一且具有个性。

如图 6-44 所示的页面设计，将产品造型与后面的图案巧妙地结合在一起，放置在页面中心位置，鲜艳的色彩、生动的造型可瞬间吸引浏览者的目光，同时单一的背景色起到了突出主题的作用。

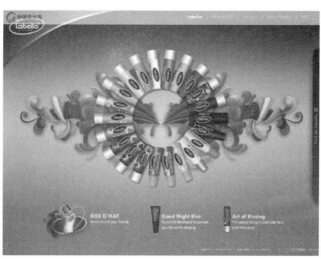

图 6-44 中心式构图

8. 散点式构图

散点式构图与棋盘式构图有相似之处，不过更加随意，没有规律。散点式构图如同散

文写作的 "形散而神不散"，看似零散的画面，实际上需要精密构思。页面上的所有元素都不应是可有可无的，而是为同一个目的服务，更深刻地表现网站主题。

如图 6-45 所示页面中的每一个色块，看似不经意，其实都是经过设计者深思熟虑的。色块的大小组合，使画面均衡而不呆板；不同色彩的搭配，既和谐又富有变化。

图 6-45　散点式构图

9. 发射式构图

在空间中以一个点或几个点为中心，其他元素作向心或离心状排列，这种构图方式称为发射式构图。这种构图具有明显的节奏感和空间感，且由于其特殊的构成方式使发射中心自然成为画面焦点，成为浏览者的视觉中心。发射式构图可分为向心发射和离心发射两种。

虽然发射式构图具有较强的视觉吸引力，但由于制作复杂也不易与内容结合，所以在网页设计中较少运用。

如图 6-46 所示的页面设计，采用了发射式构图，使企业的主题形象成为画面的焦点，同时 01、02、03、04 的造型增强了页面的节奏感。

图 6-46　发射式构图

10. 框架式构图

页面设计除了规则的构图形式外，有时会采用不规则的几何图形形成页面的框架，承载页面内容。这些图形的合理搭配和有效穿插，能使页面除了传达信息外，更具层次感和美感。

如图 6-47 所示的页面设计，通过统一的色调，将不规则的造型转化为页面的框架，支撑起整个页面，使单一的竖版构图更富有变化和层次感。

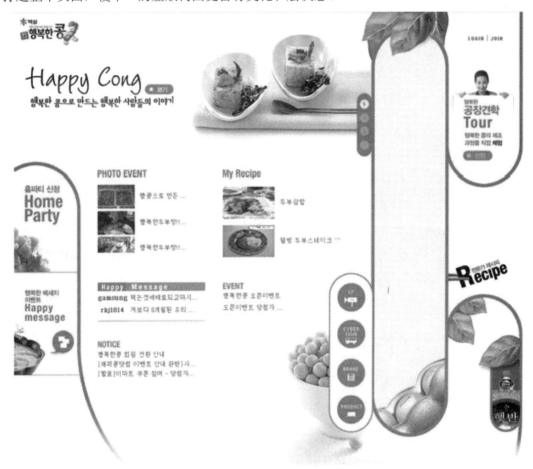

图 6-47　框架式构图

11. 突破式构图

在页面设计中，有时为使页面更加生动有趣，会将素材突显出来，起到画龙点睛的作用。

如图 6-48 所示的页面设计，素材和主体框架的结合很巧妙，破框而出的喷溅的牛奶和静态的巧克力、杯子结合于页面头部，使整个页面主次清晰而又连贯。

网站页面的布局要根据客户的需求，具体分析后来决定。譬如内容较多的网页可考虑用骨骼型构图，这种结构的网页浏览方便、快捷，但不够灵活。若想展示企业形象或个人主页可采取更灵活的其他网页布局方式。

图 6-48　突破式构图

6.3　切片工具

网页设计完成后，需要将设计的图片应用到网页中，一般的网站对上传的图片都有大小的要求。如果文件太大，网页加载的时间就会变长。如图 6-49 所示，Photoshop 中的切片工具可以把图片切成几个小图，并将其保存为 Web 所用的格式。在网页中使用时，图片通过 HTML 或 CSS 在浏览器中重新组合以达到平滑流畅的效果。

切片工具

图 6-49　切片工具选项栏

6.3.1　切片的属性设置

切片按照其内容类型(表格、图像、无图像)及创建方式(用户、基于图层、自动)可分为多种。使用切片工具创建的切片称作用户切片；通过图层创建的切片称作基于图层的切片。切片有以下 3 种属性设置。

(1) "样式"选项：此选项用以选择切片的样式，包括"正常""固定长宽比""固定大小"3 个选项。

① 正常：随意切片，切片的大小和位置取决于在图像中所画的切片框开始和结束的位置。

② 固定长宽比：设置高度和宽度数值，切片框按照这个长宽比进行创建。

③ 固定大小：设置固定的长和宽的大小。

(2) 切片的"高度"和"宽度"选项：当选择"固定长宽比"或"固定大小"的切片样式选项时，可在此选项处输入宽度和高度的数值。

(3) "基于参考线的切片"选项：在有参考线的情况下，选择此选项，切片会基于参考线进行创建。

6.3.2　切片工具的使用

切片工具的使用步骤如下：

(1) 在 Photoshop 中打开设计图，如图 6-50 所示。

图 6-50　页面设计图

(2) 规划网页布局。本页面为横向版面构图，共分为 5 栏，如图 6-51 所示。了解网页最后要呈现的效果，如本网页菜单要呈现鼠标经过图像效果，"校友风采"要实现 flash 动画展示效果。

Logo			
菜单	风景图片		风景图片
新闻	校友会		校友活动
校友风采			
版权			

图 6-51　页面布局图

(3) 在 Photoshop 的工具栏中选择切片工具，如图 6-52 所示。

图 6-52   Photoshop 工具栏

(4) 将网页中的文字图层隐藏(因要切割背景图片)，在"新加坡校友会"设计图中拖拉切片工具。参照网页布局图来切图，切割完会有 01、02、03、04 等数字，保存时会按照此顺序分成一张张图片，如图 6-53 所示。

图 6-53   切片后效果图

(5) 如果在切图时出现错位等现象，可选择工具栏中的"切片选择工具"，选中有问题的切片,拖动锚点进行变形,达到与其他切片对齐的效果,如图 6-54 所示。

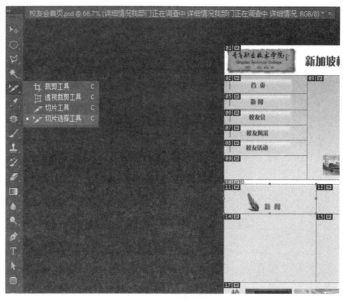

图 6-54 切片选择工具

(6) 调整好切片后,打开"文件"菜单,选择"存储为 Web 所用格式…",如图 6-55 所示。

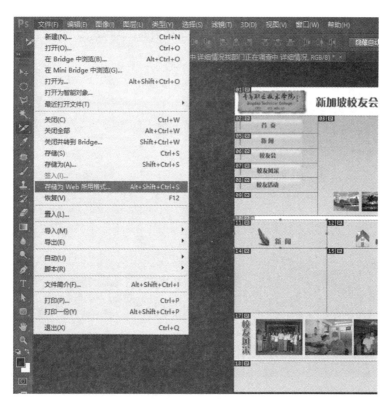

图 6-55 保存为 Web 所用格式

(7) 弹出"存储为 Web 所用格式"面板,用左侧工具栏中的"切片选择工具"将要导出的切片选中(按 Shift 键的同时可连续选择切片)。在右侧的面板中,进行切片属性的设置,一般设置图片格式为"JPEG"格式,"品质"选择"非常高",设置完成后,单击下方的"存储"按钮,如图 6-56 所示。

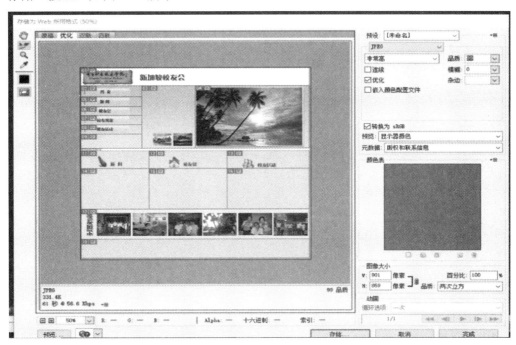

图 6-56 "存储为 Web 所用格式"面板

(8) 弹出"将优化结果存储为"面板,如图 6-57 所示,选择合适的路径进行保存。注意"文件名"尽量为英文或数字,不要用中文进行命名,以避免网页不能解析。

图 6-57 "将优化结果存储为"面板

① "格式"选项：有三个选项，分别是 HTML 和图像、仅限图像、HTML。一般情况下，选择"仅限图像"就可。

② "设置"选项：有背景图像、默认设置、XHTML 和其他选项。一般选择"默认设置"。

③ "切片"选项：有所有切片、所有用户切片和选中的切片三个选项。因本案例只需导出部分切片，所以选择"选中的切片"如图 6-57 所示。

完成设置后，选择想要保存文件的文件夹，并单击"保存"按钮。这时会自动创建"images"文件夹，并将所有选中的切片文件存储于其中，如图 6-58 所示。

图 6-58　images 文件夹

(9) 因本网页菜单要制作鼠标经过图像的效果，故需对菜单部分的鼠标经过后的效果进行切图。首先在 Photoshop 中对菜单文字进行调整，调整完毕后，打开"文件"菜单，选择"存储为 Web 所用格式…"。然后打开对话框，选择"切片选择工具"，只选择菜单部分切片，调整属性数值后单击"存储"按钮，如图 6-59 所示。

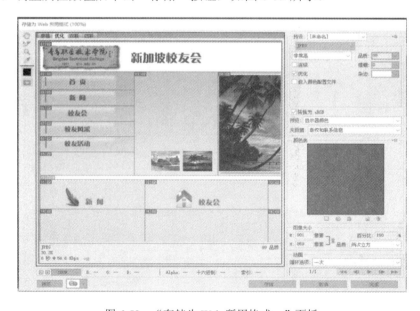

图 6-59　"存储为 Web 所用格式…"面板

(10) 在弹出的存储对话框中，将文件名改为"index2"，其他选项不变，存储路径也不变，单击"保存"按钮，如图 6-60 所示。

图 6-60　存储面板

(11) 至此，所有制作网页所需的图片都保存在指定路径的"images"文件夹下了，如图 6-61 所示。

图 6-61　images 文件夹内容

6.4 案例：本源食品有限公司网站页面的设计与制作

网页的设计与制作是网站制作过程中的一个重要环节。企业网站是企业向浏览者传递其产品、服务、理念、文化等信息的平台。精美的网页设计，对于提升企业的互联网品牌形象至关重要。

本节将以"本源食品有限公司"的网站设计为例，具体介绍网页设计的过程。

本源食品网站案例

6.4.1 网站定位

本源食品有限公司是一家以生产和销售生态食品为主的公司，环保、绿色、健康是公司的主旨。

下面将在明确公司理念及企业文化的基础上，首先完成网站的构思创意即总体设计方案，然后对网站的整体风格和特色作出定位，规划网站的组织结构，如图 6-62 所示。

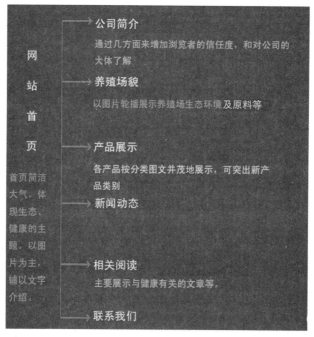

图 6-62 网站首页规划图

6.4.2 搜集资料

确定了网站的作用及主题之后，我们就要开始着手准备资料了。资料主要分为 3 方面：一是网站所需要展示的内容(产品、案例、服务项目、公司介绍等)及网站所需的推广图片等；二是公司的理念、标志、标准色等 CI 设计的内容；三是相关网站的案例等。资料的收集需要围绕主题来进行。想要让自己的网站内容更加丰富，吸引用户，就需要尽量多地进行资料的收集和整理，搜集的资料越丰富，在页面设计时会更得心应手。本案例收集的资料如图 6-63 所示。

图 6-63　搜集的资料

6.4.3　网站规划

网站规划包括的内容很多，如网站的结构、栏目的设置、网站的风格、颜色搭配、版面布局、文字图片的运用等，只有在制作网站之前把这些方面都考虑清楚了，才能在制作时驾轻就熟，胸有成竹。

(1) 确定网站风格：简洁大气，以块面结构为主，体现生态健康的主题。

(2) 确定网站的主色调：绿色，绿色代表生态、健康，给人积极向上的心理感受；辅助色为黄绿色和黑色，点景色为粉色，如图 6-64 所示。

图 6-64　确定网站色调

(3) 设计版面草图：根据客户要求，在页面中要展示视频及图片轮播，因此采用了显示内容丰富的水平式构图方式，主要为横排六栏式构图，如图 6-65 所示。

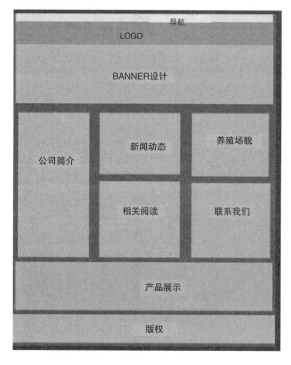

图 6-65　设计网页版面草图

6.4.4　设计网站

设计是一个复杂细致的过程，一定要按照先大后小，先简单后复杂的步骤来进行。先大后小就是先把大的结构设计好，然后逐步完善小的结构；先简单后复杂，就是先设计出简单的内容，然后再设计复杂的内容，以便出现问题时好修改。

网站的具体设计步骤如下：

1. 制作板块

根据客户提供的内容和图片，将版面布局按照版面草图内容填充完整，如图 6-66 所示。

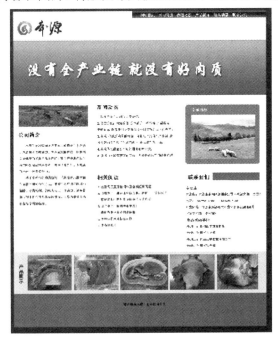

图 6-66 制作网页板块

2. 填充主色调

根据网站规划中设定的主色调，采用黄色到绿色的邻近色填充主要色块，明确网站的主色调，如图 6-67 所示。

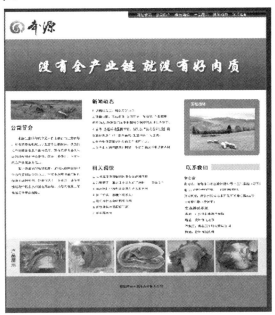

图 6-67 填充网页主色调

3. 版面设计调整

设计好的第一稿采用了横版和竖版结合的版式设计，但画面整体感觉过于规整。为了增加画面层次，增加了背景图片，背景色采用从白色到绿色的过渡色，使画面更加柔和，如图 6-68 所示。

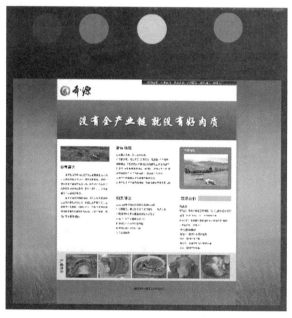

图 6-68　调整页面色调

填充背景色后，画面的层次感还是过于单薄，因此添加了代表生态的树叶图案，从画面一直延伸到背景，既打破了分栏构图的刻板，又丰富了画面的色彩层次，如图 6-69 所示。

图 6-69　调整页面内容

　　继续调整画面的层次，现在画面的色相变化层次较丰富，但画面明度对比较弱，画面中尤其缺少重色。为此，添加黑色图案，为画面增加一个重色，使画面明度对比更加强烈，如图 6-70 所示。

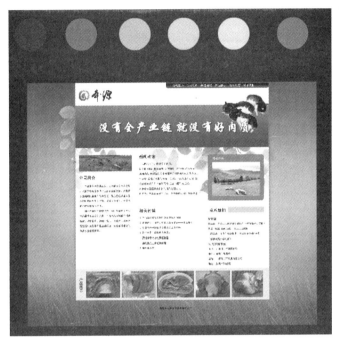

图 6-70　调整页面层次

4. 内容调整

　　与客户沟通，增加或删减内容，及时调整画面内容。按照客户要求不断完善，如图 6-71 所示。

图 6-71　调整页面内容

5. 定稿

在这一阶段，调整了画面的明度对比，增加了跨界的"房子"图案，打破了分栏界限，避免横版构图的生硬呆板，同时增加画面对比度，使页面更加清晰、明朗，如图 6-72 所示。

图 6-72　定稿

6. 页面切片

网页设计定稿后，利用 Photoshop 软件里的切图工具，将页面分割成网页制作所需要的图片，如图 6-73 所示。

图 6-73　页面切片

6.4.5　网站制作

网站页面设计出来之后，需要开发人员选择合适的制作工具，将设计好的页面制作成网页，同时后台程序人员通过编程使网站的功能一一实现。这是一个比较复杂的过程，可以按照先从大的方面进行考虑，先进行复杂的部分，然后才是细节部分和简单的部分。这样在网站制作出现了问题时可以更好地进行修改。

6.4.6　网站发布

网站制作完成并通过测试无误后，就需要把网站发布出去。通过域名绑定解析服务器后，即可通过互联网访问网站。后续还可将我们所要在网站呈现的内容一一上传，如企业产品、案例展示等。

附录　AI 编程助手

近两年来，以 ChatGPT、智谱清言、文心一言、豆包等为代表的人工智能(Artificial Intelligence，AI)技术发展迅猛，改变了很多人的编程方式。作为 Web 前端应用的开发人员，需要掌握如何使用 AI 来实现更快、更高效的工作方式。AI 对我们来说是一个可靠的编程助手，给我们提供了实时的建议和解决方案，无论是快速修复错误、提升代码质量还是查找关键文档和资源，AI 作为编程助手都能让你事半功倍。

豆包 MarsCode 编程助手是豆包旗下的 AI 编程助手，提供以智能代码补全为代表的 AI 功能，可以在 Visual Studio Code(VS Code)等主流 IDE 中使用，支持 HTML5、CSS3 和 JavaScript 等 Web 前端开发语言，以及 Java、Python、C#等后端开发语言。MarsCode 能在开发过程中提供单行或整个函数的编写建议，同时支持在用户开发过程中提供代码解释、代码审查、问题修复等辅助功能，提升开发效率与质量。

一、安装 Visual Studio Code 及插件

1. 下载 VS Code 安装包

在浏览器中打开链接：https://code.visualstudio.com/Download，下载 VS Code 安装包，如附图 1 所示。

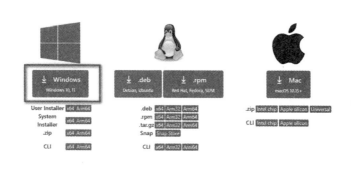

附图 1　下载 VS Code 安装包

2. 安装 VS Code

VS Code 的安装很简单。双击下载的安装包，选择默认选项，不需要做任何修改，就可完成安装，如附图 2 所示。

附图 2　安装 VS Code

3. 安装默认浏览器插件

打开 VS Code 左侧的"扩展"按钮，在搜索框中输入：Default Browser，选择"Open In Default Browser"插件，单击"安装"按钮，即可使 VS Code 具备在默认浏览器中打开网页文件的能力，如附图 3 所示。

附图 3　安装默认浏览器插件

4. 安装 HTML、CSS 插件

打开 VS Code 左侧的"扩展"按钮，在搜索框中输入：HTML，选择"HTML CSS Support 插件"，再单击"安装"按钮，即可使 VS Code 具备调试 HTML5、CSS3 的功能，如附图 4 所示。

附图 4　安装 HTML、CSS 插件

如附图 5 所示，新建一个名字为"index.html"的网页文件，注意不能省略 ".html"扩展名。

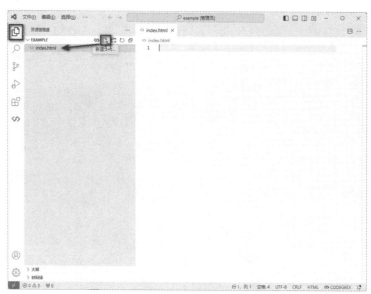

附图 5　新建网页文件

在编辑框中，输入英文字符的"！"，再按"Tab(制表)"键，VS Code 即可自动生成一个 HTML 文件的框架。

在这个网页文件中，单击鼠标右键，选择"Open In Default Browser"就可以在默认的浏览器中打开所设计的网页，如附图 6 所示。

附图 6　打开设计的网页

5. 安装豆包 MarsCode 插件

打开 VS Code 左侧的"扩展"按钮，在搜索框中输入：MarsCode，选择"MarsCode AI:Coding Assistant"，再单击"安装"按钮，即可使 VS Code 具备豆包 MarsCode 支持的 AI 编程功能。点击右下角的"Log to MarsCode"按钮，输入注册的手机号和验证码后，就可以在 VS Code 中体验豆包 MarsCode 提供的 AI 功能了，如附图 7 所示。

附图 7　安装豆包 MarsCode 插件

二、AI 辅助编程

豆包 MarsCode 编程助手提供自动代码补全、代码生成、代码编辑等功能，可以使用这些功能来提升 Web 应用的开发效率。在豆包 MarsCode 的提示词输入框中，我们只需要输入如附图 8 所示的提示词"生成一个类似百度首页的网页文件"。

附图 8　豆包提示词输入框

豆包 MarsCode 就会自动生成如附图 9 所示的代码。

附图 9　豆包自动生成代码

上述代码在浏览器中显示效果如附图 10 所示。

附图 10 自动生成代码在浏览器中的显示效果

如果我们对某段代码还不理解，可以选中这段代码，让豆包 MarsCode 给我们解释这段代码，如附图 11、附图 12 所示。

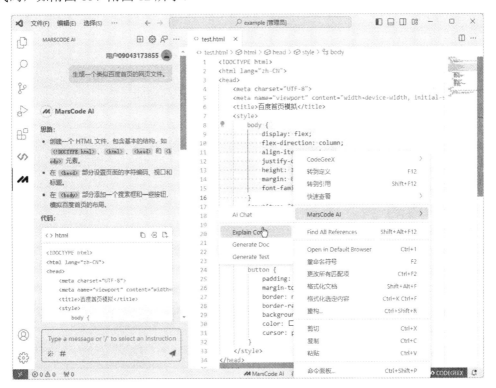

附图 11 豆包解释代码 1

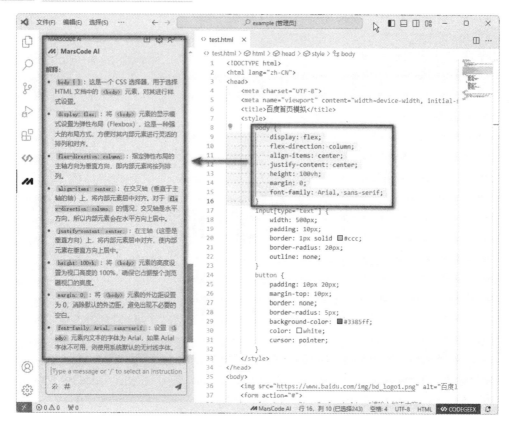

附图 12　豆包解释代码 2

豆包 MarsCode 编程助手提供了代码补全、生成、编辑、解释、注释生成等丰富的编程辅助功能，如附表 1 所示。

附表 1　豆包 MarsCode 编程助手编程辅助功能

功　　能	说　　明
代码补全	阅读并理解当前代码，然后提供后续代码片段，也支持通过注释生成代码片段
代码补全 Pro	基于上一次的编辑内容及代码情况，预测下一个改动点并提供推荐代码
代码生成	理解自然语言并生成所需代码
代码编辑	编辑指定代码，包括重构、优化、修改部分逻辑等
代码解释	精准解释项目代码，快速上手开发
代码注释生成	生成函数级注释或更详细的行间注释
单元测试生成	为指定代码片段生成单元测试
智能修复	发现代码中的问题并修复
智能问答	针对研发领域定向优化问答质量，提供更精准的问答结果

关于豆包 MarsCode 更详细的使用说明，可参考豆包 MarsCode 的官方网站：https://docs.marscode.cn/docs/extension-use-ai-capabilities。